DB41

河 南 省 地 方 标 准

DB41/T 726—2012

计算机信息系统（场地）防雷安全检测技术规范

Technical code for inspection of computer information systems（field）against lightning

2012-05-11 发布　　　　　　　　　　　　　2012-07-11 实施

河南省质量技术监督局　　　　**发　布**

图书在版编目(CIP)数据

计算机信息系统(场地)防雷安全检测技术规范/河南省气象局编 . —郑州:黄河水利出版社,2012.9

ISBN 978 - 7 - 5509 - 0359 - 3

Ⅰ.①计…　Ⅱ.①河…　Ⅲ.①机房 - 电气设备 - 防雷 - 检测 - 技术规范　Ⅳ.①TP308 - 65

中国版本图书馆 CIP 数据核字(2012)第 220869 号

出　版　社:黄河水利出版社
　　　　　地址:河南省郑州市顺河路黄委会综合楼 14 层　　邮政编码:450003
发行单位:黄河水利出版社
　　　　　发行部电话:0371 - 66026940、66020550、66028024、66022620(传真)
　　　　　E-mail:hhslcbs@ 126. com
承印单位:河南地质彩色印刷厂
开本:890mm×1 240 mm　1/16
印张:3.75
字数:102 千字　　　　　　　　　　　印数:1—1 000
版次:2012 年 9 月第 1 版　　　　　　印次:2012 年 9 月第 1 次印刷
定价:25.00 元

前　言

本标准按照 GB/T 1.1—2009 给出的规则起草。

本标准由河南省气象局提出。

本标准由河南省气象标准化技术委员会归口。

本标准由河南省气象局、河南省防雷中心负责起草,三门峡市气象局、洛阳市气象局、漯河市气象局、商丘市气象局、南阳市气象局参加起草。

本标准主要起草人:林勇、张永刚、李鹏、李武强、郭红晨、李虹、苗连杰。

本标准参加起草人:陈建铭、王迟、李建东、周红彬、林经春、张晓林、杜晓宾、程云峰、朱晓东、马振刚、程丽丹、杨美荣等。

目　次

计算机信息系统(场地)防雷安全检测技术规范

1 范围

本标准规定了计算机信息系统(场地)防雷安全检测的术语和定义、检测要求和方法、检测规定、检测结果的处理等。

本标准适用于河南省已建及新建、扩建、改建的计算机信息系统(场地)防雷装置安全性能的检测及验收等。

2 规范性引用文件

下列文件对于本文件的应用是必不可少的。凡是注日期的引用文件,仅注日期的版本适用于本文件。凡是不注日期的引用文件,其最新版本(包括所有的修改单)适用于本文件。

GB 18802.1—2002 低压配电系统的电涌保护器

GB 18802.2—2003 电信和信号网络的冲击保护装置

GB/T 21431—2008 建筑物防雷装置检测技术规范

GB 50057—2010 建筑物防雷设计规范

GB 50174—1993 电子计算机机房设计规范

GB 50303—2002 建筑电气工程施工质量验收规范

GB 50311—2007 综合布线系统工程设计规范

GB 50343—2012 建筑物电子信息系统防雷技术规范

QX 2—2000 新一代天气雷达站防雷技术规范

QX 3—2000 气象信息系统雷击电磁脉冲防护规范

QX 4—2000 气象台(站)防雷技术规范

GA 371—2001 计算机信息系统实体安全技术要求

GA 267—2000 计算机信息系统雷电电磁脉冲安全防护规范

YD 5068—1998 移动通信基站防雷与接地设计规范

IEC/TS 61312—2:1999 雷击电磁脉冲的防护 第2部分 建筑物的屏蔽,内部等电位连接和接地

3 术语和定义

下列术语和定义适用于本文件。

3.1 计算机信息系统 computer information system

由计算机、有/无线通信设备、处理设备、控制设备及其相关的配套设备、设施(含网络)等的电子设备构成,按照一定应用目的和规则对信息进行采集、加工、存储、传输、检索、控制等处理的人机系统。

3.2 接地端子 earthing terminal

将保护导体,包括等电位连接导体和工作接地的导体(如果有的话)与接地装置连接的端子或接地排。

3.3 电磁屏蔽 electromagnetic shielding

用导电材料减少交变电磁场向指定区域穿透的屏蔽。

3.4 雷电防护区 lightning protection zone

需要规定和控制雷电电磁环境的区域。

3.5 静电电位 electrostatic potentials

由于带有静电而造成本身电位的升高。

3.6 电涌保护器 surge protective device

至少应包含一个非线性限制元件,用于限制暂态过电压和分流电涌电流的装置。按照电涌保护器在计算机信息系统(场地)的功能,可分为电源电涌保护器和信号电涌保护器。

3.7 Ⅰ级分类试验 class Ⅰ tests

对 SPD 进行标称放电电流 I_n,1.2/50 μs 冲击电压和最大冲击电流 I_{imp} 的试验。I_{imp} 的波形为 10/350 μs。

3.8 Ⅱ级分类试验 class Ⅱ tests

对 SPD 进行标称放电电流 I_n,1.2/50 μs 冲击电压和最大放电电流 I_{max} 的试验。I_{max} 的波形为 8/20 μs。

3.9 Ⅲ级分类试验 class Ⅲ tests

对 SPD 进行混合波(1.2/50 μs、8/20 μs)的试验。

3.10 等电位连接 equipotential bonding

将分开的装置、诸导电物体用等电位连接导体或电涌保护器连接起来以减少雷电流在它们之间产生的电位差。

3.11 局部等电位接地端子板 local equipotential earthing terminal board

电子信息系统设备机房内,作局部等电位连接的接地端子板。

3.12 雷电过电压 lightning overvoltage

由于外部雷电感应突然加到系统里,引起系统内部电磁能量的振荡、积聚和传播,从而造成对电气设备绝缘有危险的电压升高,这种现象称为雷电过电压。

3.13 等电位连接网络 bonding network

由一个系统的诸外露导电部分作等电位连接的导体所组成的网络。

3.14 修约值比较法 comparative method of fix the roughly value

将测定值或其计算值进行修约,修约位数与标准规定的限度值书写位数一致。

3.15 直击雷 direct lightning flash(DLF)

闪电直接击在建筑物、其他物体、大地或防雷装置上,产生电效应、热效应和机械力者。

3.16 雷电电磁脉冲 lightning electromagnetic impulse

作为干扰源的雷电流及雷电电磁场产生的电磁场效应。

3.17 退耦元件 decouplingel ement

在被保护线路中并联接入多级 SPD 时,如果开关型 SPD 与限压型 SPD 之间的线路长度小于 10 m 或限压型 SPD 之间的线路长度小于 5 m 时,为实现多级 SPD 间的能量配合,应在 SPD 之间的线路上串接适当的电阻或电感,这些电阻或电感元件称为退耦元件。

注:电感多用于低压配电系统,电阻多用于信息线路中多级 SPD 之间的能量配合。

3.18 楼层等电位接地端子板 floor equipotential earthing terminal board

建筑物内,楼层设置的接地端子板,供局部等电位接地端子板作等电位连接用。

3.19 电磁兼容性 electromagnetic compatibility

设备或系统在其电磁环境中能正常工作,且不对环境中的其他设备和系统构成不能承受的电磁干扰的能力。

4 检测要求和方法

4.1 机房环境

4.1.1 要求

4.1.1.1 计算机信息系统(场地)机房外部环境

4.1.1.1.1 应按照 GB 50343—2012 第 4 章的规定将计算机信息系统划分为 A、B、C、D 四个等级。

4.1.1.1.2 计算机信息系统(场地)及机房应避开强电磁干扰;无法避开强电磁场干扰时,应采取有效的电磁屏蔽措施。

4.1.1.1.3 多层建筑或高层建筑物的系统机房宜设置在楼层的中心部位和雷电防护区的高级别区域内。

4.1.1.2 计算机信息系统(场地)机房内部环境

4.1.1.2.1 机房内设备距离外墙及结构柱的安全距离应大于 1 000 mm。

4.1.1.2.2 机房内温度、相对湿度等应符合表 1 的规定。

表 1 机房内温度、相对湿度表

工作状态		A 级		B 级
开机时	温度(℃)	夏季	冬季	全年
		23 ± 2	20 ± 2	18 ~ 28
	相对湿度(%)	45 ~ 65		
关机时	温度(℃)	5 ~ 35		
	相对湿度(%)	40 ~ 70		20 ~ 80

4.1.1.2.3 机房内应规范铺设防静电接地地板,其防静电地板的系统电阻率应为($1 \times 10^7 \sim 1 \times 10^{10}$)$\Omega \cdot cm$。

4.1.1.2.4 金属构件、设备表面的静电电位应不大于 1 kV,防静电地板表面的静电电位应不大于 2.5 kV。

4.1.1.2.5 防静电接地网格的接地电阻值应不大于 4 Ω。

4.1.1.2.6 支架、机架、格栅、金属外窗等的接地电阻值应不大于 4 Ω。

4.1.1.3 计算机信息系统(场地)机房外部供电电源

4.1.1.3.1 供电电源系统进出建筑物的方式及低压配电系统的接地形式应符合 GB 50343—2012 中第 5 章的规定。

4.1.1.3.2 在电源进(出)线处(总配电室)应安装符合相应等级分类试验的电源电涌保护器。

4.1.1.3.3 当建筑物屋顶的用电设备(如通信天线等)处于 LPZ0 区时,引出电源线的配电箱内应加装符合 Ⅰ 级分类试验的电源电涌保护器。

4.1.1.3.4 电源电涌保护器接地材料的材质、规格和安装工艺,应符合附录 A 和附录 B 的规定。电源电涌保护器和配电盘(箱)外壳的接地电阻值应不大于 4 Ω。

4.1.1.3.5 以下位置应安装符合Ⅱ级分类试验的电源电涌保护器：

a）变压器位于建筑物内且该建筑物没有低压线输出时，应在低压侧加装符合Ⅱ级分类试验的电源电涌保护器；

b）建筑物间通过屏蔽管敷设低压线路的情况；

c）按照 GB 50057—2010 提供的方法计算分配电盘内设备前端电源线路上过电压，如该电压大于分配电盘内设备的耐冲击水平时，应在分配电盘内设备前端电源线路上加装符合Ⅱ级分类试验的电源电涌保护器。

4.1.1.4 计算机信息系统（场地）机房内部供电电源

4.1.1.4.1 当机房距设备间分配电柜大于 50 m 时，机房内的配电屏应安装符合Ⅲ级分类试验的电源电涌保护器。

4.1.1.4.2 在分配电盘和机房配电屏后的设备，已安装符合Ⅱ级分类试验的电源电涌保护器的电压保护水平大于后端设备的耐冲击水平的 80% 时，应在设备前加装符合Ⅲ级分类试验的电源电涌保护器。

4.1.1.4.3 电源电涌保护器接地材料的材质、规格和安装工艺，应符合附录 B 的规定。电源电涌保护器和配电盘（箱）外壳的接地电阻值应不大于 4 Ω。

4.1.1.4.4 配电屏内 N－PE 电压应小于 2 V。

4.1.2 方法

4.1.2.1 计算机信息系统（场地）机房外部环境

4.1.2.1.1 按照附录 C 的规定进行雷电防护等级的划分后，检查防雷工程设计中雷电防护等级的划分是否符合 GB 50343—2012 第 4 章的规定。

4.1.2.1.2 参见附录 D 的测量和计算方法，检测计算机信息系统（场地）及机房是否避开强电磁干扰，无法避开强电磁干扰时，是否采取有效的电磁屏蔽措施。

4.1.2.1.3 检查多层建筑或高层建筑物的系统机房是否设置在楼层的中心部位和雷电防护区的高级别区域内，雷电防护区的划分参见附录 E。

4.1.2.2 计算机信息系统（场地）机房内部环境

4.1.2.2.1 检查机房所在的楼层位置、面积、平面布置，用尺测量机房内设备距离外墙及结构柱的安全距离是否符合 4.1.2.1 的要求。

4.1.2.2.2 用温度计和湿度计测量机房内温度和相对湿度，检查开机和关机时的温度和相对湿度是否符合 4.1.1.2.2 的要求。

4.1.2.2.3 检查机房内是否规范铺设静电接地地板，用兆欧表测试静电地板的系统电阻率是否符合 4.1.1.2.3 的要求。

4.1.2.2.4 用静电电位测试仪测试金属构件、设备表面的静电电位和静电地板表面的静电电位是否符合 4.1.1.2.4 和 4.1.2.6 的要求。

4.1.2.2.5 用工频接地电阻测试仪测试防静电接地网格及支架、机架、格栅、金属外窗等的接地电阻值是否符合 4.1.1.2.5 和 4.1.1.2.6 的要求。

4.1.2.3 计算机信息系统（场地）机房外部供电电源

4.1.2.3.1 检查供电电源系统进出建筑物的方式及低压配电系统的接地形式。电缆的埋地长度应符合附录 F 的要求。

4.1.2.3.2 检查在电源进（出）线处（总配电室）是否安装了符合相应等级分类试验的电源电涌保护器。参见附录 G、附录 H。

4.1.2.3.3 检查当建筑物屋顶的用电设备（如通信天线等）处于 LPZ0 区时，引出电源线的配电箱内是否加装符合Ⅰ级分类试验的电源电涌保护器。参见附录 G。

4.1.2.3.4　检查电源电涌保护器接地材料的材质、规格和安装工艺,用工频电阻测试仪测量电源电涌保护器和配电盘(箱)外壳的接地电阻值是否符合4.1.1.3.4的要求。

4.1.2.3.5　检查在4.1.1.3.5所述情况下,符合Ⅱ级分类试验的电源电涌保护器的安装情况。

4.1.2.4　计算机信息系统(场地)机房内供电电源

4.1.2.4.1　检查当机房距设备间分配电柜大于50 m时,机房内的配电屏安装电源电涌保护器的情况。

4.1.2.4.2　检查在4.1.1.4.2所述情况下,电源电涌保护器的安装情况。

4.1.2.4.3　检查电源电涌保护器接地材料的材质、规格和安装工艺,用工频电阻测试仪测量电源电涌保护器和配电盘(箱)外壳的接地阻值是否符合4.1.1.4.3的要求。

4.1.2.4.4　用万用表测量配电屏内 N – PE 电压是否小于2 V。

4.2　计算机网络系统

4.2.1　要求

4.2.1.1　进入机房的各种信号线的屏蔽及布线应符合 GB 50343—2012 中5.3的规定。

4.2.1.2　计算机系统的等电位连接与共用接地系统应符合 GB 50343—2012 中5.2的规定。

4.2.1.3　计算机信息系统的防雷和接地应符合 GB 50343—2012 中5.4的规定。

4.2.1.3.1　信号电涌保护器的选择应符合 GB 50343—2012 中5.4.2的规定。

4.2.2　方法

4.2.2.1　进入机房的各种信号线的屏蔽和等电位措施

4.2.2.1.1　检查户外进入机房的信号线的引进方式是否符合 GB 50343—2012 中5.4.2的规定。检查是否在入户处采取防雷电波侵入措施。

4.2.2.1.2　检查进入机房的信号线所穿的金属管理地长度是否大于15 m。

4.2.2.1.3　检查进入机房的光缆的金属加强芯,是否进行等电位及接地处理,用工频电阻测试仪测量其接地电阻是否不大于4 Ω。

4.2.2.1.4　检查进入机房的屏蔽线缆的屏蔽层,是否进行等电位及接地处理,用工频电阻测试仪测量其接地电阻是否不大于4 Ω。

4.2.2.1.5　检查当多个计算机系统共用一组接地装置时的等电位连接情况。检查计算机机房的安全保护地、信号工作地、屏蔽接地、防静电接地和信号电涌保护器的接地端是否连接到局部等电位接地端子板上。检查信号电涌保护器接地线的材质、规格和安装工艺是否符合附录 B 的规定。

4.2.2.2　传输线路的雷电过电压保护措施

检查进、出建筑物的传输线路上电涌保护器的设置及各级电涌保护器的安装位置应是否符合 GB 50343—2012 中5.5.2第一项的要求。

4.2.2.3　检测网络设备的雷电过电压保护措施

4.2.2.3.1　检查计算机网络类型。

4.2.2.3.2　检查以下位置应安装适配的信号线电涌保护器:

　　a) 经由 LPZ0$_A$ 区和 LPZ0$_B$ 区直接进入机房的信号线在接入重要的网络设备(如服务器、网络交换机、路由器等)前的端口处;

　　b) 远程网络数据终端设备(DTE)的外引(LPZ0 区至 LPZ1 区)信号线端口;

　　c) 广域网络总线(非光纤)上的每个外收发器端口。

4.2.2.3.3　检查信号电涌保护器选择是否符合 GB 50343—2012 中5.4.4的规定。用工频电阻测试仪测量其接地电阻值是否不大于4 Ω。

4.3　天馈线路

4.3.1　要求

4.3.1.1　接闪器的材质、规格、牢固性应符合 GB 50057—2010 中 5.2 的规定。

4.3.1.2　户外的前端设备应在接闪器的有效保护范围内，并应做等电位处理，其过渡电阻值应不大于 0.03 Ω。

4.3.1.3　天馈线路的屏蔽、等电位措施应符合 GB 50057—2010 中 6.3 的规定。

4.3.1.4　天馈线路电涌保护器的选择应符合 GB 50343—2012 中 5.4.5 的规定。

4.3.2　方法

4.3.2.1　凡带有室外架空天线的电子设备，都属于天馈线路应采取防雷保护的设备系统。

4.3.2.1.1　检查接闪器的材质、规格、牢固性及其连接是否符合 4.3.1.1 的规定。

4.3.2.1.2　用距离测量工具测量接闪器与天线之间的安全距离是否大于 3 m，计算天线是否在接闪器的保护范围内。

4.3.2.1.3　检查接闪器、天线竖杆的接地是否与建筑物共用防雷接地装置。检查从接闪器至接地装置引下线是否就近与防雷装置连接。检查单独设置引下线时是否在两个不同方向设置。用距离测量工具测量钢筋与钢筋、钢筋与扁钢的搭接焊长度是否不小于钢筋直径的 6 倍，是否双面施焊。检查扁钢与扁钢的搭接焊长度是否不小于扁钢宽度的 2 倍，是否不少于三面施焊。

4.3.2.1.4　用工频电阻测试仪测量接闪杆、天线竖杆接地电阻值是否不大于 4 Ω。

4.3.2.2　检查户外的前端设备是否在接闪器的有效保护范围内，是否做等电位处理，用毫欧表测量其过渡电阻值是否不大于 0.03 Ω。

4.3.2.3　天馈线路的屏蔽、等电位措施

4.3.2.3.1　检查从天线杆、塔引下的天馈线缆是否做屏蔽处理；用毫欧表测量金属屏蔽层是否与杆、塔金属体（或防雷引下线）及建筑物的防雷装置间有良好的电气连接。

4.3.2.3.2　检查同轴馈线金属外护层是否在上部、下部作接地处理，是否在通过走线架进入机房前就近接地。检查当杆、塔长度不小于 60 m 时，同轴馈线的金属外护层是否在杆、塔中部增加一处接地。检查室外走线架始末两端是否做接地连接。

4.3.2.3.3　当波导管作为天馈传输系统时，用毫欧表测量波导传输系统的金属外壁与天线架、波导支承架及天线反射器的过渡电阻，波导管弯头及波导的段与段之间作连接用的法兰盘两端的过渡电阻值是否不大于 0.03 Ω。

4.3.2.4　天馈线路的雷电过电压保护措施

4.3.2.4.1　检查同轴馈线进入机房后与系统设备连接处是否安装了适配的天馈线电涌保护器。

4.3.2.4.2　检查天馈线路电涌保护器的选择是否符合 GB 50343—2012 中 5.4.5 的规定。

4.3.2.5　安装在天线杆、塔上的用电设备的雷电过电压保护措施

4.3.2.5.1　检查串装在同轴电缆线路上的有源设备，当采用独立的电源线供电，电源线是否穿金属管敷设，金属管首尾两端是否就近作接地处理并安装相应的电源电涌保护器。

4.3.2.5.2　检查安装在天线杆、塔上的航空障碍灯等设备外壳是否采取可靠的防雷接地。

4.4　程控交换机系统

4.4.1　要求

4.4.1.1　程控数字用户交换机及其他通信设备信号线路，应根据总配线架所连接的中继线及用户线性质，选用适配的信号电涌保护器。信号电涌保护器的选择应符合 GB 50343—2012 中 5.4.4 的规定。

4.4.1.2　电涌保护器的接地端应与配线架接地端相连，配线架的接地线应用截面积不小于 16 mm² 的多股铜线，从配线架接至机房的局部等电位接地端子板上。配线架及程控用户交换机的金属支架、机柜应等电位连接并接地，接地电阻值应不大于 4 Ω。

4.4.2　方法

4.4.2.1 按照4.4.1.1的要求,检查是否选用适配的信号电涌保护器。

4.4.2.2 按照4.4.1.2的要求,检查电涌保护器的接地情况。

4.5 安全防范系统

4.5.1 要求

4.5.1.1 户外摄像机等监控设施应处于$LPZ0_B$内,监控设施外壳应接地,接闪器的接地电阻值应不大于4 Ω。

4.5.1.2 户外摄像机等监控设施的线缆应有金属屏蔽层并穿钢管埋地敷设,其金属屏蔽层和钢管的两端应接地,其接地电阻值应不大于4 Ω。

4.5.1.3 监控机房内所有可导电的金属物应进行等电位连接并接地,其接地电阻值应不大于4 Ω。

4.5.1.4 户外摄像机等监控设施应按规定安装视频信号线、控制信号线、电源线等电涌保护器。

4.5.2 方法

4.5.2.1 检查、计算户外摄像机等监控设施应是否处于$LPZ0_B$内,用工频电阻测试仪测量监控设施外壳及接闪器的接地电阻值是否符合4.5.1.1的规定。

4.5.2.2 检查户外摄像机等监控设施的线缆屏蔽、敷设及接地情况。用工频电阻测试仪测量接地电阻值是否符合4.5.1.2的规定。

4.5.2.3 检查监控机房内所有可导电金属物的等电位连接情况,用毫欧表测量过渡电阻值是否不大于0.03 Ω。

4.5.2.4 检查监控机房内所有可导电金属物的接地情况,用工频电阻测试仪测量其接地电阻值是否符合4.5.1.3的规定。

4.5.2.5 检查是否选用适配的信号电涌保护器。

4.6 火灾自动报警及消防联动系统

4.6.1 要求

4.6.1.1 在火灾报警系统的报警主机、联动控制盘、火警广播、对讲通信等系统信号传输线缆进出建筑物$LPZ0_A$或$LPZ0_B$和LPZ1交界处应装设信号电涌保护器,其标称放电电流、响应时间、残压和安装工艺应符合GB 50343—2012中5.4.4的规定。

4.6.1.2 消防控制室与本地区或城市"119"报警指挥中心之间联网的进出线路端口应装设信号电涌保护器,其标称放电电流、响应时间、残压和安装工艺应符合GB 50343—2012中5.4.4的规定。

4.6.1.3 消防控制室内应设置等电位连接网络,室内所有的机架(壳)、配线线槽、设备保护接地、安全保护接地、电涌保护器接地端应就近接至等电位接地端子板,其接地电阻值应不大于4 Ω。

4.6.1.4 区域报警控制器的金属机架(壳)、金属线槽(钢管)、电气竖井内的接地干线、接线箱的保护接地端等应就近接至等电位接地端子板。

4.6.1.5 火灾自动报警及联动控制系统的接地应采用共用接地,其接地电阻值应不大于4 Ω;接地干线应采用截面积不小于16 mm^2的铜芯绝缘导线,并穿管敷设至就近的等电位接地端子板。

4.6.2 方法

4.6.2.1 检查电涌保护器的安装位置并用压敏电阻测试仪测试性能参数,是否符合4.6.1.1和4.6.1.2的规定。

4.6.2.2 检查等电位连接网络的设置情况,检查各接地端是否就近连接至等电位接地端子板,用工频电阻测试仪测量接地电阻值是否符合4.6.1.3的规定。

4.6.2.3 检查是否采用共用接地,检查接地干线材质和规格并用工频电阻测试仪测量接地电阻值是否符合4.6.1.5的规定。

4.7 有线电视系统

4.7.1 要求

4.7.1.1 户外有线电视设施应处于 LPZ0$_B$ 内,其接地电阻值应不大于 4 Ω。

4.7.1.2 有线电视信号传输线在进出建筑物的入、出口处应安装适配的信号电涌保护器,其标称放电电流、响应时间、残压和安装工艺应符合 GB 50343—2012 中 5.4.4 的规定。

4.7.1.3 应根据有线电视信号传输线路干线放大器的工作频率范围、带宽和插入损耗以及是否需要供电电源等要求,选用适配的电涌保护器,其性能参数应符合 GB 50343—2012 中 5.4.4 的规定。

4.7.1.4 所有设备金属机架(壳)、金属线槽(钢管)应进行等电位及接地处理,其接地电阻值应不大于 4 Ω。

4.7.2 方法

4.7.2.1 检查有线电视设施所处的防雷区,用工频电阻测试仪测量接地电阻值是否符合 4.7.1.1 的规定。

4.7.2.2 检查电涌保护器的安装位置,用压敏电阻测试仪测试性能参数是否符合 4.7.1.2 和 4.7.1.3 的规定。

4.7.2.3 检查等电位连接及接地处理情况是否符合 4.7.1.4 的规定。

4.8 通信基站

4.8.1 要求

4.8.1.1 通信基站的天馈线及其他户外设备应在 LPZ0$_B$ 内。

4.8.1.2 接闪器的安装位置、材质、规格应符合 GB 50057—2010 中 5.2 的规定。接闪器与天馈线之间的安全距离应大于 3 m。

4.8.1.3 基站天馈线的屏蔽、等电位措施应符合 4.3.2.3 的规定。

4.8.1.4 进入机房的电源电缆应采取埋地长度大于 50 m 引入,电源进线处应安装电源电涌保护器。其性能参数应符合 GB 50343—2012 中 5.4.4 的规定。

4.8.1.5 进入机房的信号电缆应埋地引入,在入户配线架处应安装信号电涌保护器。电涌保护器的标称放电电流、响应时间、残压和安装工艺应符合 GB 50343—2012 中 5.4.4 的规定,应满足线路传输速率、带宽和插入损耗要求。

4.8.1.6 机房内所有设备金属机架(壳)、金属线槽(钢管)应采取等电位及接地措施,其接地电阻值应不大于 5 Ω。

4.8.2 方法

4.8.2.1 检查通信基站的天馈线及其他户外设备所处的防雷区是否符合 4.8.1.1 的规定。

4.8.2.2 检查接闪器的安装位置、材质、规格,用距离测量工具测量其与天馈线之间的安全距离是否符合 4.8.1.2 的规定。

4.8.2.3 检查基站天馈线的屏蔽、等电位措施是否符合 4.8.1.3 的规定。

4.8.2.4 检查进入机房的电源电缆和信号电缆的引入方式和电涌保护器的安装位置,用压敏电阻测试仪测量性能参数是否符合 4.8.1.4 和 4.8.1.5 的规定。

4.8.2.5 用毫欧表和工频电阻测试仪测量等电位连接及接地电阻值是否符合 4.8.1.6 的规定。

4.9 等电位连接

4.9.1 要求

4.9.1.1 电子信息系统的机房应设置等电位连接网络。电气和电子设备的金属外壳、机柜、机架、金属管、槽、屏蔽线缆外层、信息设备防静电接地、安全保护接地、电涌保护器接地端等均应以最短的距离与等电位连接网络的接地端子连接。

4.9.1.2 在 LPZ0$_A$ 或 LPZ0$_B$ 区与 LPZ1 区交界处应设置总等电位接地端子板;应在电子信息系

统、设备机房及相应楼层设置相应的等电位接地端子板;等电位连接端子板的位置、环境、安装工艺应符合 GB 50343—2012 中 6.4 的规定。

4.9.1.3 总等电位接地端子板应由接地线与共用接地装置可靠电气连接;总等电位接地端子板应通过接地干线与楼层、机房局部等电位接地端子板可靠电气连接。接地干线的材质、规格、敷设方式、连接工艺应符合 GB 50343—2012 中 6.3 的规定。

4.9.1.4 不同楼层的综合布线系统设备间或不同雷电防护区的配线交接间应设置局部等电位接地端子板。楼层配线柜的接地线的材质、规格应符合 GB 50343—2012 中 6.3 的规定。

4.9.1.5 防雷接地应与交流工作地、直流工作地、安全保护地共用一组接地装置,各等电位连接端子板和共用接地装置的接地电阻值应不大于 4 Ω。

4.9.2 方法

4.9.2.1 检查电子信息系统的机房是否设置等电位连接网络。检查各接地端是否以最短的距离与等电位连接网络的接地端子连接。

4.9.2.2 检查等电位接地端子板的设置情况及安装环境、工艺是否符合 4.9.1.2 的规定。

4.9.2.3 检查接地端子板与接地装置是否有可靠的电气连接及接地线的材质、规格是否符合 4.9.1.3 和 4.9.1.4 的规定。

4.9.2.4 检查各接地电阻值是否符合 4.9.1.5 的规定。

4.10 接地性能

4.10.1 要求

计算机信息系统(场地)各部分的接地电阻值应符合以下要求:

a)配电屏(盘)机架正常不带电部分的接地电阻值应不大于 4 Ω;

b)配电屏(盘)PE 线的接地电阻值应不大于 4 Ω;

c)各类水管、暖气、金属门窗的接地电阻值应不大于 4 Ω;

d)接地母排的接地电阻值应不大于 4 Ω;

e)静电地板金属支架的接地电阻值应不大于 4 Ω;

f)线缆金属屏蔽槽的接地电阻值应不大于 4 Ω;

g)UPS 金属外壳的接地电阻值应不大于 4 Ω;

h)各类服务器金属外壳的接地电阻值应不大于 4 Ω;

i)计算机金属外壳的接地电阻值应不大于 4 Ω;

j)配线架(设备机架)金属外壳的接地电阻值应不大于 4 Ω;

k)弱电、强电竖井金属外壳的接地电阻值应不大于 4 Ω;

l)机房其他金属管线的接地电阻值应不大于 4 Ω。

4.10.2 方法

4.10.2.1 用工频接地电阻测试仪测量 4.10.1 所列项目的接地电阻值是否符合要求。

4.10.2.2 用毫欧表测量 4.10.1 所列项目的过渡电阻值是否不大于 0.03 Ω。

4.10.2.3 当计算机信息系统(场地)防雷接地未利用其建筑物的基础接地作为其接地装置时,应测量计算机信息系统(场地)接地地网与临近地网之间的距离是否大于 15 m。用工频电阻测试仪测量其接地电阻是否不大于 4 Ω。

5 检测规定

5.1 新建计算机信息系统(场地)防雷工程设计施工期间,应根据其施工进度对隐蔽工程实施分段检测;工程竣工后,应进行竣工检测。检测工作由取得省级气象主管机构颁发的相应资质的法定检测机构实施。

5.2 计算机信息系统(场地)的防雷装置实行定期检测制度,应每年检测一次;爆炸和火灾危险环境,应每半年检测一次。防雷安全检测人员必须具备相应的专业技术知识和能力,并持有省级气象主管机构颁发的"检测人员资格(岗位)证"。

5.3 被检单位应提供由气象主管机构出具的防雷工程设计、施工单位资质材料,所选用防雷产品的检验证书、在当地气象主管机构的备案证书等相关资料。

5.4 被检单位应提供计算机信息系统(场地)的雷击灾害风险评估报告、防雷装置设计图纸和隐蔽施工记录资料,检测机构根据防雷装置的布局、材料、构造、系统布线、安装工艺等情况,结合气象资料,确定受检项目的雷电防护等级,制定检测方案。

5.5 计算机信息系统(场地)防雷检测主要由现场检测、检测结果的计算分析及结果评价组成。现场检测前应先对防雷装置进行现场勘察。

5.6 检测人员应依据本标准并参照国家相关标准,按照检测流程对防雷装置进行检测,检测过程必须客观、公正,不能损坏防雷装置以及影响计算机信息系统(场地)正常运行。

5.7 计算机信息系统(场地)防雷系统和检测流程参见附录I。

5.8 部分检测仪器的主要性能和参数指标参见附录J。

6 检测结果的处理

6.1 检测结果的记录

6.1.1 检测人员应在现场将各项检测结果如实记入原始记录表,原始数据的有效位数应比本标准要求多取一位。原始记录表应有检测人员、校核人员和受检单位现场负责人签名。

6.1.2 检测原始记录应按规定格式用钢笔或签字笔认真填写,字迹要清晰、工整。原始记录应具有唯一识别性并保存至少两年。

6.1.3 首次检测时,检测人员应绘制检测平面示意图,后续检测时视情况进行补充或修改。

6.2 检测结果的判定

应使用修约值比较法对原始检测数据进行计算分析和整理,并根据相关技术规范对检测结果进行判定。

6.3 检测报告

6.3.1 检测报告由检测员按本标准6.1和6.2的要求填写电子文档,并打印,检测员和校核员签字后,经技术负责人签发,并加盖检测机构检测专用章。检测报告格式参见附录K。

6.3.2 检测报告必须结论准确、用词规范、文字简练,对于当事方容易混淆的术语和概念可予以书面解释。

6.3.3 检测报告应对检测项目是否符合设计审核文件及国家(或地方)防雷技术规范要求作出评定,为计算机信息系统(场地)安全评定提供可靠的依据。

6.3.4 检测机构对计算机信息系统(场地)各项防雷装置性能检测结果作出分析评定后,若不符合规范规定,应如实填写整改意见,要求受检单位及时按照整改意见书进行认真整改。

6.3.5 受检单位整改结束后报请检测机构进行复检,直至符合规范要求。

附　录　A
（资料性附录）
部分线路装设工艺要求

电涌保护器连接导线和各种连接导体的最小截面积参照表 A.1、表 A.2。

表 A.1　电涌保护器连接导线最小截面积

保护级别	SPD 的类型	导线截面（mm²）	
		SPD 连接相线铜导线	SPD 接地端连接铜导线
第一级	开关型或限压型	16	25
第二级	限压型	10	16
第三级	限压型	6	10
第四级	限压型	4	6

注：混合型 SPD 参照相应保护级别的截面积选择。

表 A.2　各种连接导体的最小截面积　　　　　　（单位：mm²）

材料	等电位连接带之间和等电位连接带与接地装置之间的连接导体，流过大于或等于25%总雷电流的等电位连接导体	内部金属装置与等电位连接带之间的连接导体，流过小于25%总雷电流的等电位连接导体
铜	16	6
铝	25	10
铁	50	16

电子信息系统线缆与其他管线、与电气设备及与电力电缆之间的净距参照表 A.3 至表 A.5。

表 A.3　电子信息系统线缆与其他管线的净距

其他管线	电子信息系统线缆	
	最小平行净距（mm）	最小交叉净距（mm）
防雷引下线	1 000	300
保护地线	50	20
给水管	150	20
压缩空气管	150	20
热力管（不包封）	500	500
热力管（包封）	300	300
煤气管	300	20

注：如线缆敷设高度超过 6 000 mm 时，与防雷引下线的交叉净距按下式计算：

$$S \geqslant 0.05H$$

式中　H——交叉处防雷引下线距地面的高度，mm；

　　　S——交叉净距，mm。

表 A.4　电子信息系统线缆与电气设备之间的净距

名称	最小净距（m）
配电箱	1.00
变电室	2.00
电梯机房	2.00
空调机房	2.00

表 A.5　电子信息系统线缆与电力电缆的净距

类别	与电子信息系统信号线缆接近状况	最小净距（mm）
380 V 电力电缆容量 小于 2 kVA	与信号线缆平行敷设	130
	有一方在接地的金属线槽或钢管中	70
	双方都在接地的金属线槽或钢管中	10
380 V 电力电缆容量 2～5 kVA	与信号线缆平行敷设	300
	有一方在接地的金属线槽或钢管中	150
	双方都在接地的金属线槽或钢管中	80
380 V 电力电缆容量 大于 5 kVA	与信号线缆平行敷设	600
	有一方在接地的金属线槽或钢管中	300
	双方都在接地的金属线槽或钢管中	150

注：1. 当 380 V 电力电缆的容量小于 2 kVA，双方都在接地的线槽中，即两个不同线槽或在同一线槽中用金属板隔开，且平行长度小于等于 10 m 时，最小间距可以是 10 mm。

2. 电话线缆中存在振铃电流时，不宜与计算机网络在同一根双绞线电缆中。

附 录 B

（规范性附录）

电涌保护器的检查和检测

B.1 要求

B.1.1 基本要求

B.1.1.1 应使用经国家认可的检测实验室检测，符合 GB 18802.1 和 GB/T 18802.21 标准的产品。

B.1.1.2 原则上 SPD 和等电位连接位置应在各防雷区的交界处，但当线路能承受预期的电涌电压时，SPD 可安装在被保护设备处。

B.1.1.3 SPD 必须能承受预期通过它们的雷电流，并具有通过电涌时的电压保护水平和有熄灭工频续流的能力。

B.1.1.4 当电源采用 TN 系统时，从总配电盘（箱）开始引出的配电线路和分支线路必须采用 TN－S系统。选择 220/380 V 三相系统中的电涌保护器，U_c 值应符合本标准表 B.1 的规定。

表 B.1 在各种低压配电系统接地型式时 SPD 的最小 U_c 值

电涌保护器连接于	低压交流配电接地型式				
	TT 系统	TN－C 系统	TN－S 系统	引出中性线的 IT 系统	不引出中性线的 IT 系统
每一相线和中性线间	$1.15U_0$	不适用	$1.15U_0$	$1.15U_0$	不适用
每一相线和 PE 线间	$1.15U_0$	不适用	$1.15U_0$	$1.15U_0$	$1.15U_0$
中性线和 PE 线间	$1.15U_0$	不适用	$1.15U_0$	$1.15U_0$	不适用
每一相线和 PEN 线间	不适用	$1.15U_0$	不适用	不适用	不适用

注：1. U_0 指低压系统相线对中性线的标称电压，U 为线间电压，$U = \sqrt{3}U_0$。

2. 在 TT 系统中，SPD 在 RCD 的负荷侧安装时，最低 U_c 值不应小于 $1.55U_0$，此时安装形式为 L－PE 和 N－P；当 SPD 在 RCD 的电源侧安装时，应采用"3＋1"形式，即 L－N 和 N－PE，U_c 值不应小于 $1.15U_0$。

3. U_c 应大于 U_{cs}。

B.1.1.5 选择系统中信息技术设备信号电涌保护器时，U_c 值一般应高于系统运行时信号线上的最高工作电压的 1.2 倍，表 B.2 提供了常见电子系统的参考值。

表 B.2 常用电子系统工作电压与 SPD 额定工作电压的对应关系参考值

序号	通信线类型	额定工作电压（V）	SPD 额定工作电压（V）
1	DDN/X.25/帧中继	＜6 或 40～60	18 或 80
2	xDSL	＜6	18
3	2M 数字中继	＜5	6.5
4	ISDN	40	80
5	模拟电话线	＜110	180
6	100M 以太网	＜5	6.5
7	同轴以太网	＜5	6.5
8	RS232	＜12	18
9	RS422/485	＜5	6
10	视频线	＜6	6.5
11	现场控制	＜24	29

B.1.1.6　SPD 两端的连线应符合本标准表 F.1 中连接导线的最小截面要求,SPD 两端的引线长度不宜超过 0.5 m。SPD 应安装牢固。

B.1.2　低压配电系统对 SPD 的要求

B.1.2.1　电源 SPD 的 U_p 应低于被保护设备的耐冲击过电压额定值 U_w,即有效的电压保护水平 U_{Pcd} 低于 0.8 倍的 U_w。U_w 值可参见表 B.3。ΔU 为 SPD 两端引线上产生的电压,一般取 1 kV/m (8/20 μs)20 kA 时。

表 B.3　220/380 V 三相系统各种设备耐冲击过电压额定值(U_w)

设备位置	电源处的设备	配电线路和最后分支线路的设备	用电设备	特殊需要保护设备
耐冲击过电压类别	IV 类	III 类	II 类	I 类
耐冲击过电压额定值(kV)	6	4	2.5	1.5

注:I 类——需要将瞬态过电压限制到特定水平的设备,如含有电子电路的设备,计算机及含有计算机程序的用电设备。

　　II 类——如家用电器(不含计算机及含有计算机程序的家用电器)、手提工具、不间断电源设备(UPS)、整流器和类似负荷。

　　III 类——如配电盘、断路器,包括电缆、母线、分线盒、开关、插座等的布线系统,以及应用于工业的设备和永久接至固定装置的固定安装的电动机等的一些其他设备。

　　IV 类——如电气计量仪表、一次线过流保护设备、波纹控制设备。

B.1.2.2　当被保护设备的 U_w 与 $U_0(\Delta U)$ 的关系满足 B.1.2.1 时,被保护设备前端可只加一级 SPD,否则应增加 SPD2 乃至 SPD3,直至满足 B.1.2.1 规定。

B.1.3　电源 SPD 的布置

B.1.3.1　在 LPZ0$_A$ 或 LPZ0$_B$ 区与 LPZ1 区交界处,在从室外引来的线路上安装的 SPD 应选用符合 I 级分类试验的电涌保护器,其 I_{imp} 值可按 GB 50057—2010 规定的方法选取。

　　当难以计算时,可按 GB 16895.22—2004 的规定,当建筑物已安装了防直击雷装置,或与其有电气连接的相邻建筑物安装了防直击雷装置时,每一相线和中性线对 PE 之间 SPD 的冲击电流 I_{imp} 值不应小于 12.5 kA;采用 3+1 形式时,中性线与 PE 线间不宜小于 50 kA(10/350 μs)。对多极 SPD,总放电电流 I_{Toal} 不宜小于 50 kA(10/350 μs)。当进线完全在 LPZ0$_B$ 或雷击建筑物和雷击与建筑物连接的电力线或通信线上的失效风险可以忽略时,采用 I_n 测试的 SPD(II 类试验的 SPD)。

　　注:当雷击类型为 S3 型时,架空线使用金属材料杆(含钢筋混凝土杆)并采取接地措施时和雷击类型为 S4 型时,SPD1 可选用 II 级和 III 级分类试验的产品,I_n 值不应小于 5 kA。

B.1.3.2　在 LPZ1 区与 LPZ2 区交界处,分配电盘处或 UPS 前端宜安装第二级 SPD。其标称放电电流 I_n 不宜小于 5 kA(8/20 μs)。

B.1.3.3　在重要的终端设备或精密敏感设备处,宜安装第三级 SPD,其标称放电电流 I_n 值不宜小于 3 kA(8/20 μs)。

　　注:无论是安装一级或二级,乃至三至四级 SPD,均应符合本标准 B.1.1 和 B.1.2 的规定。

B.1.3.4　当在线路上多处安装 SPD 时,SPD 之间的线路长度应按试验数据采用;若无此试验数据时,电压开关型 SPD 与限压型 SPD 之间的线路长度不宜小于 10 m,若小于 10 m 应加装退耦元件。限压型 SPD 之间的线路长度不宜小于 5 m,若小于 5 m 应加装退耦元件。

B.1.3.5　安装在电路上的 SPD,其前端应有后备保护装置过电流保护器。如使用熔断器,其值应与主电路上的熔断电流值相配合。

B.1.3.6　SPD 如有通过声、光报警或遥信功能的状态指示器,应检查 SPD 的运行状态和指示器的功能。

B.1.3.7 连接导体应符合相线采用黄、绿、红色,中性线用浅蓝色,保护线用绿/黄双色线的要求。

B.1.4 电信和信号网络 SPD 的布置

B.1.4.1 连接于电信和信号网络的 SPD 其电压保护水平 U_p 和通过的电流 I_p 应低于被保护的信息技术设备(ITE)的耐受水平。

B.1.4.2 在 LPZ0$_A$ 区或 LPZ0$_B$ 区与 LPZ1 区交界处应选用 I_{imp} 值为 0.5 ~ 2.5 kA(10/350 μs 或 10/250 μs)的电涌保护器或 4 kV(10/700 μs)的电涌保护器;在 LPZ1 区与 LPZ2 区交界处应选用 U_{oc} 值为 0.5 ~ 10 kV(1.2/50 μs)的电涌保护器或 0.25 ~ 5 kA(8/20 μs)的电涌保护器;在 LPZ2 区与 LPZ3 区交界处应选用 0.5 ~ 1 kV(1.2/50 μs)的电涌保护器或 0.25 ~ 0.5 kA(8/20 μs)的电涌保护器。

B.1.4.3 网络入口处通信系统的 SPD,尚应满足系统传输特性,如比特差错率(BER)、带宽、频率、允许的最大衰减和阻抗等。对用户的 IT 系统,应满足 BER、近端交扰(NEXT)、允许的最大衰减和阻抗等。对有线电视系统,应满足带宽、回波损耗、450 Hz 时允许最大衰减和阻抗等特性参数。

B.1.4.4 本标准 B.1.1 的基本要求原则上适用于电信和信号网络的 SPD。

B.1.4.5 信号电涌保护器原则上应设置在金属线缆进出建筑物(机房)的防雷区界面处,但由于工艺要求或其他原因,受保护设备的安装位置不会正好设在防雷区界面处,在这种情况下,当线路能承受所发生的电涌电压时,也可将信号电涌保护器安装在保护设备端口处。信号电涌保护器(SPD)与被保护设备的等电位连接导体的长度应尽可能短,以减少电感电压降对电压保护水平的影响。导线连接过渡电阻应不大于 0.03 Ω。

表 B.4 信号线路(有线)电涌保护器参数

参数名称	非屏蔽双绞线	屏蔽双绞线	同轴电缆
标称导通电压	≥1.2U_n	≥1.2U_n	≥1.2U_n
测试波形	(1.2/50 μs、8/20 μs)混合波	(1.2/50 μs、8/20 μs)混合波	(1.2/50 μs、8/20 μs)混合波
标称放电电流(kA)	≥1	≥0.5	≥3

表 B.5 信号线路、天馈线路电涌保护器性能参数

名称	插入损耗(dB)≤	电压驻波比≤	响应时间(ns)≤	平均功率(W)	特性阻抗(Ω)	传输速率(bps)	工作频率(MHz)	接口型式	其他相关参量
数值	0.50	1.3	10	≥1.5 倍系统平均功率	应满足系统相关传输特性的参数要求				

B.2 SPD 的检查

B.2.1 用 N－PE 环路电阻测试仪。测试从总配电盘(箱)引出的分支线路上的中性线(N)与保护线(PE)之间的阻值,确认线路为 TN－C 或 TN－C－S 或 TN－S 或 TT 或 IT 系统。

B.2.2 检查并记录各级 SPD 的安装位置,安装数量、型号、主要性能参数(如 U_c、I_n、I_{max}、I_{imp}、U_p 等)、接口方式和安装工艺(连接导体的材质和导线截面,连接导线的色标,连接牢固程度)。

B.2.3 对 SPD 进行外观检查:SPD 的表面应平整、光洁、无划伤、无裂痕和烧灼痕或变形,SPD 的劣化指示牌颜色或指示灯是否改变、SPD 连接线是否有过热现象等。SPD 的标志应完整和清晰。

B.2.4 测量多级 SPD 之间的长度和 SPD 两端引线的长度,应符合本标准 B.1.1.6 和 B.1.3.4 的要求。

B.2.5 检查 SPD 是否具有状态指示器。如有,则需确认状态指示应与生产厂说明相一致。

B.2.6　检查安装在电路上的 SPD 限压元件前端是否有脱离器。如 SPD 无内置脱离器,则检查是否有过电流保护器,检查安装的过电流保护器是否符合本标准 B.1.3.5 的要求。

B.2.7　检查安装在配电系统中的 SPD 的 U_c 值应符合表 B.1 的规定要求。

B.2.8　检查安装的通信、信号 SPD 的 U_c 值应符合本标准 B.1.1.5 的规定要求。

B.2.9　检查(测)SPD 安装工艺和接地线与等电位连接端子之间的过渡电阻。

B.3　电源 SPD 的测试

B.3.1　SPD 需定期进行检查。如测试结果表明 SPD 劣化,或状态指示指出 SPD 失效,应及时更换。

B.3.2　泄漏电流 I_{ie} 的测试

除电压开关型外,SPD 在并联接入电网后都会有微安级的电流通过,如果此值偏大,说明 SPD 性能劣化,应及时更换。可使用防雷元件测试仪或泄漏电流测试表对限压型 SPD 的 I_{ie} 值进行静态试验。规定在 $0.75U_{1\,mA}$ 下测试。

首先应取下可插拔式 SPD 的模块或将线路上两端连线拆除,多组 SPD 应按图 B.1 所示连接逐一进行测试。

合格判定:当实测值大于生产厂标称的最大值时,判定为不合格,如生产厂未标定出 I_{ie} 值时,一般不应大于 20 μA。

注:SPD 泄漏电流在线测试方法在研究中,一般认为由于存在阻性电流和容性电流,其值应在 1 mA 级范围内。

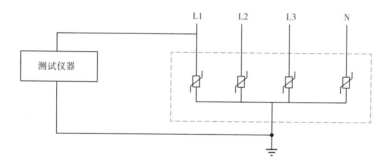

图 B.1　多组 SPD 逐一测试示意图

B.3.3　直流参考电压($U_{1\,mA}$)的测试:

a)本试验仅适用于以金属氧化物压敏电阻(MOV)为限压元件且无其他并联元件的 SPD。主要测量在 MOV 通过 1 mA 直流电流时,其两端的电压值。

b)将 SPD 的可插拔模块取下测试,按测试仪器说明书连接进行测试。如 SPD 为一件多组并联,应用图 B.1 所示方法测试,SPD 上有其他并联元件时,测试时不对其接通。

c)将测试仪器的输出电压值按仪器使用说明及试品的标称值选定,并逐渐提高,直至测到通过 1 mA 直流时的压敏电压。

d)对内部带有滤波或限流元件的 SPD,应断开滤波器或限流元件进行测试。

注:带滤波或限流元件的 SPD 测试方法在研究中。

e)合格判定:当 $U_{1\,mA}$ 值不低于交流电路中 U_c 值 1.86 倍时,在直流电路中为直流电压 1.33 至 1.6 倍时,在脉冲电路中为脉冲初始峰值电压 1.4～2.0 倍时,可判定为合格。也可与生产厂提供的允许公差范围表对比判定。

B.3.4　电信和信号网络的 SPD 特性参数的测试方法在研究中。

B.3.5　SPD 实测限制电压的现场测试方法在研究中。

附　录　C

（规范性附录）

计算机信息系统雷电防护分级

C.1　根据电子系统的重要性和使用性质,雷电防护分为四级。

雷电防护等级电子系统:

a) A 级:

(1)大型计算中心、大型通信枢纽、国家金融中心、银行、机场、大型港口、火车枢纽站等。

(2)甲级安全防范系统、如国家文物、档案库的闭路电视监控和报警系统。

(3)大型电子医疗设备、五星级宾馆。

b) B 级:

(1)中型计算中心、中型通信枢纽、移动通信基站、大型体育场(馆)监控系统、证券中心。

(2)乙级安全防范系统,如省级文物、档案库的闭路电视监控和报警系统。

(3)雷达站、微波站、高速公路监控和收费系统。

(4)中型电子医疗设备。

(5)四星级宾馆。

c) C 级:

(1)小型通信枢纽、电信局。

(2)大中型有线电视系统。

(3)三星级以下宾馆。

d)除上述 A、B、C 级以外一般用途电子系统设备为 D 级。

C.2　根据电子系统雷击风险评估,确定雷电防护分级。

C.2.1　当 $N \leqslant N_c$ 时,可不安装雷电防护装置。

C.2.2　当 $N > N_c$ 时,应安装雷电防护装置。

根据电子系统雷击风险评估,计算防雷装置的拦截效率 E,$E = 1 - N_c/N$,按 E 值的大小进行分级确定雷电防护分为四级:

a)当 $E > 0.98$ 时定为 A 级;

b)当 $0.90 < E \leqslant 0.98$ 时定为 B 级;

c)当 $0.80 < E \leqslant 0.90$ 时定为 C 级;

d)当 $E \leqslant 0.80$ 时定为 D 级。

附　录　D

（资料性附录）

磁场强度的测量和屏蔽效率的计算

D.1　一般原则

D.1.1　磁场强度指标

D.1.1.1　GB/T 2887 和 GB 50174 中规定，电子计算机机房内磁场干扰环境场强不应大于 800 A/m。

注：本磁场强度是指在电流流过时产生的磁场强度，由于电流元 $I\Delta s$ 产生的磁场强度可按式（D.1）计算。

$$H = I\Delta s/4\pi r^2 \tag{D.1}$$

距直线导体 r 处的磁场强度可按式（D.2）计算：

$$H = I/2\pi r \tag{D.2}$$

磁场强度的单位用 A/m 表示，1 A/m 相当于自由空间的磁感应强度为 1.26 μT。

D.1.1.2　GB/T 17626.9 中规定，可按表 D.1 规定的等级进行脉冲磁场试验。

表 D.1　脉冲磁场试验等级

等级	1	2	3	4	5	×
脉冲磁场强度（A/m）	—	—	100	300	1 000	特定

注：脉冲磁场强度取峰值。脉冲磁场产生的原因有两种，一是雷击建筑物或建筑物上的防雷装置；二是电力系统的暂态过电压。

等级 1、2：无需试验的环境；

等级 3：有防雷装置或金属构造的一般建筑物，含商业楼、控制楼、非重工业区和高压变电站的计算机房等；

等级 4：工业环境区中，主要指重工业、发电厂、高压变电站的控制室等；

等级 5：高压输电线路、重工业厂矿的开关站、电厂等；

等级 ×：特殊环境。

D.1.1.3　GB/T 2887 中规定，在存放媒体的场所，对已记录的磁带，其环境磁场强度应小于 3 200 A/m；对未记录的磁带，其环境磁场强度应小于 4 000 A/m。

D.1.2　信息系统电子设备的磁场强度要求

1971 年美国通用研究公司 R.D 希尔的仿真试验通过建立模式得出：由于雷电电磁脉冲的干扰，对当时的计算机而言，在无屏蔽状态下，当环境磁场强度大于 0.07 GS 时，计算机会误动作；当环境磁场强度大于 2.4 GS 时，设备会发生永久性损坏。按新旧单位换算，2.4 GS 约为 191 A/m，此值较 D.1.1 的（1）中 800 A/m 低，较表 D.1 中 3 等高，较 4 等低。

注：IEC 62305－4(81/238/CDV) 文件中给出在适于首次雷击的磁场（25 kHz）时的 1000－300－100 A/m 值及适用于后续雷击的磁场（1 MHz）时的 100－30－10 A/m 指标。

D.1.3　磁场强度测量一般方法

D.1.3.1　雷电流发生器法

IEC62305－4 提出的一个用于评估被屏蔽的建筑物内部磁场强度而作的低电平雷电电流试验的建议。

D.1.3.2　浸入法

GB/T 17626.9 规定了在工业设施和发电厂、中压和高压变电所在运行条件下的设备对脉冲磁场骚扰的抗扰度要求，指出其适用于评价处于脉冲磁场中的家用、商业和工业用电气和电子设备的性能。

D.1.3.3 大环法

GB 12190 规定了屏蔽室屏蔽效能的测量方法,主要适用于各边尺寸在 1.5 ~ 15 m 的长方形屏蔽室。

D.1.3.4 交直流高斯计法

GB/T 2887 中 5.8.2 条"磁场干扰环境场强的测试"中指出可使用交直流高斯计,在计算机机房内任一点测试,并取最大值。

D.1.4 屏蔽效率的计算

屏蔽效率的测量一般指将规定频率的模拟信号源置于屏蔽室外时,接收装置在同一距离条件下在室外和室内接收的磁场强度之比,可按式(D.3)计算。

$$S_\mathrm{H} = 20\lg(H_0/H_1) \tag{D.3}$$

式中 H_0——没有屏蔽的磁场强度;

H_1——有屏蔽的磁场强度;

S_H——屏蔽效率(能),dB。

屏蔽效率与衰减量的对应关系参见表 D.2。

表 D.2 屏蔽效率与衰减量的对应表

屏蔽效率(dB)	原始场强	屏蔽后的场强比	衰减量(%)
20	1	1/10	90
40	1	1/100	99
60	1	1/1 000	99.9
80	1	1/10 000	99.99
100	1	1/100 000	99.999
120	1	1/1 000 000	99.999 9

D.2 测量方法和仪器

D.2.1 雷电流发生器法

试验原理见图 D.1 所示,雷击电流发生器原理见图 D.2 所示。

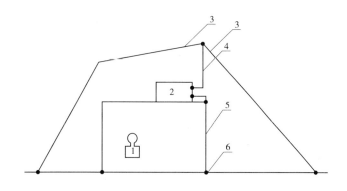

1—磁场测试仪;2—雷击电流发生器;3—多重馈线;4—雷电通道闭合部分的模拟(10 m 高铁杆);
5—被屏蔽的建筑物;6—与建筑物屏蔽物多重连接的接地体

图 D.1 雷电流发生器法测试原理图

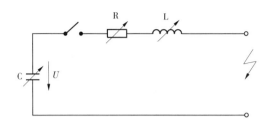

U—电压典型值为数 10 kV；C—电容典型值为数 10 nF

图 D.2　雷电流发生器原理图

在雷电流发生器法试验中可以用低电平试验来进行，在这些低电平试验中模拟雷电流的波形应与原始雷电流相同。

IEC 标准规定，雷击可能出现短时首次雷击电流 i_f（10/350 μs）和后续雷击电流 i_s（0.25/100 μs）。首次雷击产生磁场 H_f，后续雷击产生磁场 H_s，见图 D.3 和图 D.4。

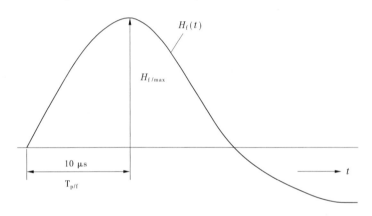

图 D.3　首次雷击磁场强度（10/350 μs）上升期的模拟

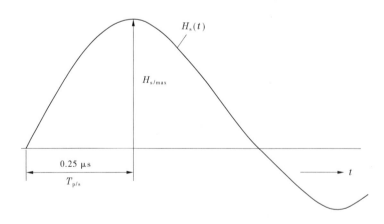

图 D.4　后续雷击磁场强度（0.25/100 μs）上升期的模拟

磁感应效应主要是由磁场强度升至其最大值的上升时间规定的，首次雷击磁场强度 H_f 可用最大值 $H_{f/max}$（25 kHz）的阻尼振荡场和升至其最大值的上升时间 $T_{p/f}$（10 μs、波头时间）来表征。同样，后续雷击磁场强度 H_s 可用 $H_{s/max}$（1 MHz）和 $T_{p/s}$（0.25 μs）来表征。

当发生器产生电流 $i_{o/max}$ 为 100 kA，建筑物屏蔽网格为 2 m 时，实测出不同尺寸建筑物的磁场强度如表 D.3。

表 D.3　不同尺寸建筑物内磁场强度测量实例

建筑物类型	建筑物长(m)×宽(m)×高(m)	$H_{1/max}$(中心区) A/m	$H_{1/max}$($d_w = d_{s/1}$处) A/m
1	$10 \times 10 \times 10$	179	447
2	$50 \times 50 \times 10$	36	447
3	$10 \times 10 \times 50$	80	200

注:$H_{1/max}$——LPZ1 区内最大磁场强度;

　　d_w——闪电直击在格栅形大空间屏蔽上的情况下,被考虑的点 LPZ1 区屏蔽壁的最短距离;

　　$d_{s/1}$——闪电直击在格栅形大空间屏蔽以外附近的情况下,LPZ1 区内距屏蔽层的安全距离。

D.2.2　浸入法

GB/T 17626.9—2011(idt IEC 61000 – 4 – 9)对设备进行脉冲磁场抗扰度试验中规定:

受试设备(EUT)可放在具有确定形状和尺寸的导体环(称为感应线圈)的中部,当环中流过电流时,在其平面和所包围的空间内产生确定的磁场。试验磁场的电流波形为 6.4/16 μs 的电流脉冲。试验过程中应从 x、y、z 三个轴向分别进行。

由于受试设备的体积与格栅形大空间屏蔽体相比甚小,此法只适于体积较小设备的测试和在矮小的建筑物屏蔽测量时可参照使用。具体方法见 GB/T 17626.9—2011。

D.2.3　大环法

GB 12190《高性能屏蔽室屏蔽效能的测量方法》规定了高性能屏蔽室相对屏蔽效能的测试和计算方法,主要适用于 1.5 ~ 15.0 m 之间的长方形屏蔽室,采用常规设备在非理想条件的现场测试。

为模拟雷电流频率,在测试中应选用的常规测试频率范围为 100 Hz ~ 20 MHz,模拟干扰源置于屏蔽室外,其屏蔽效能计算方法见附录 C.2.2。测试用天线为环形天线,并提出下列注意事项:

　　a)在测试之前,应把被测屏蔽室内的金属(及带金属的)设备,含办公用桌、椅、柜子搬走;

　　b)在测试中,所有的射频电缆、电源等均应按正常位置放置。

大环法可根据屏蔽室的四壁均可接近时而采用优先大环法或屏蔽室的部分壁面不可接近时而采用备用大环法。现将备用大环法简要介绍如下:

　　a)发射环使用频段Ⅰ(100 Hz ~ 200 kHz)的环形天线;

　　b)当屏蔽室的一个壁面是可以接近时,将磁场源置于屏蔽室外,并用双绞线引至可接近的壁,沿壁边布置发射环,环的平面与壁面平行,其间距应大于 25 cm。可将发射环固定在壁面上;

　　c)磁场源由通用输出变压器、常闭按钮开关、具有 1 W 输出的超低频振荡器、热电偶电流表组成;

　　d)屏蔽室内置检测环,衰减器和检测仪,其中检测环的直径为 300 mm;

　　e)当检测仪采用高阻选频电压表时,可按式(D.4)计算。

$$S_H = 20\lg(V_0/V_1) \tag{D.4}$$

D.2.4　其他测量方法

D.2.4.1　以当地中波广播频点对应的波头作为信号源,将信号接收机分别置于建筑物内和建筑物外,分别测试出信号强度 E_0 和 E_1。用式(D.5)计算建筑物的屏蔽效能。

$$S_E = 20\lg(E_0/E_1) \tag{D.5}$$

测试时,接收机应采用标准环形天线。当天线在室外时,环形天线设置高度应为 0.6 ~ 0.8 m,与大的金属物,如铁栏杆、汽车等应距 1 m 以外。当天线在室内时,其高度应与室外布置同高,并置在距外墙或门窗 3 ~ 5 m 远处。室内布置与大环法的要求相同。

用本方法可测室内场强(A2)和室外场强(A1),屏蔽效能为其代数差(A1 – A2)。

D.2.4.2 可使用专门的仪器设备(如 EMP – 2 或 EMP – 2HC 等脉冲发生器)进行与备用大环法相似的测试,其区别于备用大环法的内容有:

a)脉冲发生器置于被测墙外约 3 m 处。发生器产生模拟雷电流波头的条件,如 10 μs、0.25 μs 及 2.6 μs、0.5 μs。发生器的发生电压可达 5 ~ 8 kV,电流 4 ~ 19 kA。

b)从被测建筑物墙内 0.5 m 起,每隔 1 m 直至距内墙 5 ~ 6 m 处每个测点进行信号电势的测量。如被测房间较深,在 5 ~ 6 m 处之后可每隔 2 m(或 3 m、4 m)测信号电势一次,直至距被测墙体对面墙的 0.5 m 处。

平移脉冲发生器,在对应室内测量的各点处测量无屏蔽状况的信号电势。

各点的屏蔽效能可按式(D.6)计算。

$$E = 20\lg(e_0/e_1) \tag{D.6}$$

式中　e_0——无屏蔽处信号电势;

　　　e_1——有屏蔽处信号电势。

建筑物的屏蔽效能应是各点的平均值。

附　录　E
（资料性附录）
防雷区的划分

将一个建筑物划分为几个防雷区和做符合要求的等电位连接可参照图 E.1。

LPZ0$_A$ 本区内的各物体都可能遭到直击雷和导走全部雷电流；本区内的电磁场强度没有衰减。

LPZ0$_B$ 本区内的各物体不可能遭到大于所选滚球半径对应的雷电流直接雷击，但本区内的电磁场强度没有衰减。

LPZ1 本区内的各物体不可能遭到直击雷，流经各导体的雷电流比 LPZ0$_B$ 更小；本区内的电磁场强度可能衰减，这取决于屏蔽措施。

LPZn + 1 当需要进一步减小流入的雷电流和电磁场强度时，应增设后续防雷区，并按照需要保护的对象所要求的环境区选择后续防雷区的要求条件。

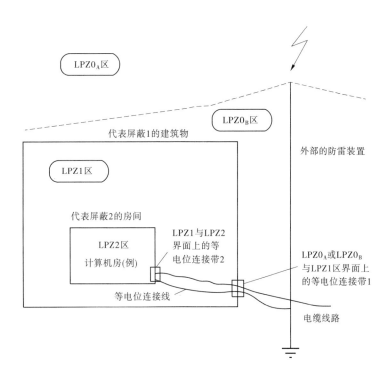

图 E.1　将建筑物划分为几个防雷区和做符合要求的等电位连接简图

附　录　F

（规范性附录）

接地装置冲击接地电阻与工频接地电阻的换算

F.1　接地装置冲击接地电阻值与工频接地电阻值的换算

接地装置冲击接地电阻值与工频接地电阻值的换算应按式（F.1）确定。

$$R_{\sim} = AR_{\mathrm{i}} \qquad\qquad (\mathrm{F}.1)$$

式中　$R_{\sim}$——接地装置各支线的长度取值小于或等于接地体的有效长度 l_{e} 或者有支线大于 l_{e} 而取其等于 l_{e} 时的工频接地电阻，单位为欧姆（Ω）；

A——换算系数，其数值宜按图 F.1 确定；

R_{i}——所要求的接地装置冲击接地电阻，单位为欧姆。

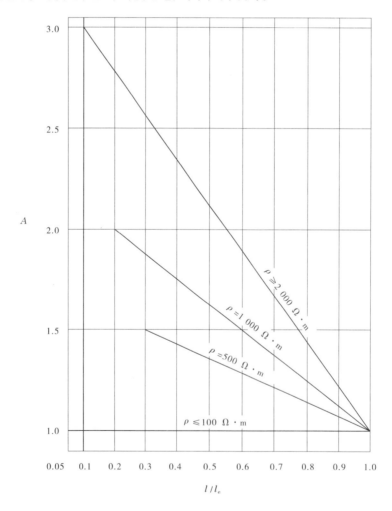

l—接地体最长支线的实际长度，其计量与 l_{e} 类同。当它大于 l_{e} 时，取其等于 l_{e}

图 F.1　换算系数 A

F.2 接地体的有效长度

接地体的有效长度应按式(F.2)计算。

$$l_e = 2\sqrt{\rho} \qquad\qquad (F.2)$$

式中 l_e——接地体的有效长度,m;

ρ——敷设接地体处的土壤电阻率,$\Omega \cdot m$。

F.3 环绕建筑物的环形接地体冲击接地电阻值的确定方法

F.3.1 当环形接地体周长的一半大于或等于接地体的有效长度 l_e 时,引下线的冲击接地电阻应为从与该引下线的连接点起沿两侧接地体各取 l_e 长度算出的工频接地电阻(换算系数 A 等于1)。

F.3.2 当环形接地体周长的一半 l 小于 l_e 时,引下线的冲击接地电阻应为以接地体的实际长度算出工频接地电阻再除以 A 值。

F.4 与引下线连接的基础接地体,当其钢筋从与引下线的连接点量起大于 20 m 时,其冲击接地电阻应为以换算系数 A 等于1和以该连接点为圆心、20 m 为半径的半球体范围内的钢筋体的工频接地电阻。

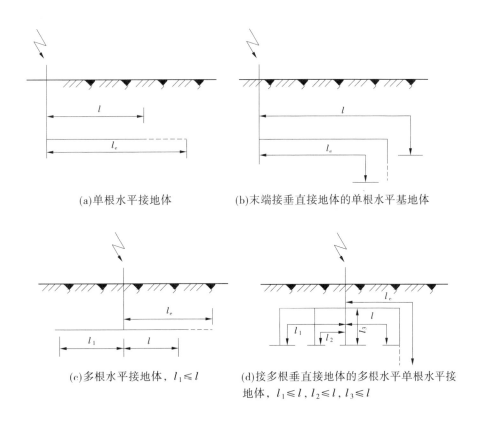

(a)单根水平接地体　　　　(b)末端接垂直接地体的单根水平基地体

(c)多根水平接地体,$l_1 \leqslant l$　　(d)接多根垂直接地体的多根水平单根水平接地体,$l_1 \leqslant l$, $l_2 \leqslant l$, $l_3 \leqslant l$

图 F.2　接地体有效长度的计量

附 录 G

（资料性附录）

电源 SPD 的 I 的确定

Ⅰ级分类试验的电源 SPD 的 I_{imp} 按表 G.1 至表 G.3 确定。

表 G.1 第一类防雷建筑物 （单位:kA）

电流强度	管道、电力线		管道、电力线、信号线	
接地方式	无屏蔽（电源线）	屏蔽（电源线）	无屏蔽（电源线）	屏蔽（电源线）
TN－C	16.7	5.0	11.1	3.4
TN－C－S	16.7	5.0	11.1	3.4
TN－S	12.5	3.75	8.3	2.5

表 G.2 第二类防雷建筑物 （单位:kA）

电流强度	管道、电力线		管道、电力线、信号线	
接地方式	无屏蔽（电源线）	屏蔽（电源线）	无屏蔽（电源线）	屏蔽（电源线）
TN－C	12.5	3.75	8.3	2.5
TN－C－S	12.5	3.75	8.3	2.5
TN－S	9.4	2.8	6.25	1.9

表 G.3 第三类防雷建筑物 （单位:kA）

电流强度	管道、电力线		管道、电力线、信号线	
接地方式	无屏蔽（电源线）	屏蔽（电源线）	无屏蔽（电源线）	屏蔽（电源线）
TN－C	5.6	1.7	4.2	1.3
TN－C－S	5.6	1.7	4.2	1.3
TN－S	4.2	1.3	3.1	0.93

附 录 H
（资料性附录）
供配电系统防雷

H.1 供电系统的接地方式

IT 供电系统系指电源侧中性点不接地,而电气设备的金属外壳采取保护接地的供电系统,参见图 H.1。

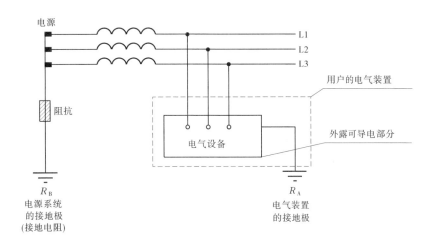

图 H.1 IT 供电系统图

TT 供电系统系指电源侧中性点直接接地,而电气设备的金属外壳采取保护接地的供电系统,参见图 H.2。

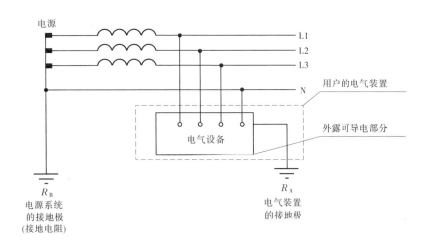

图 H.2 TT 供电系统图

TN 供电系统系指电源侧中性点直接接地,而电气设备的金属外壳与电源系统中保护零线(PE 或 PEN)直接电气连接的供电系统。

TN‐C 供电系统系指电气设备的工作零线和保护零线功能合一的供电系统,即三相四线制供电系统,参见图 H.3。

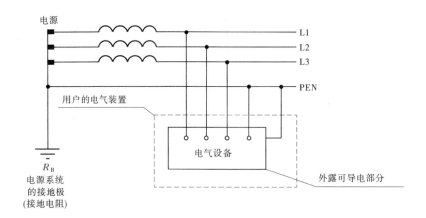

图 H.3　TN－C 供电系统图

TN－S 供电系统系指电气设备的工作零线和保护零线功能分开的供电系统,即三相五线制供电系统,参见图 H.4。

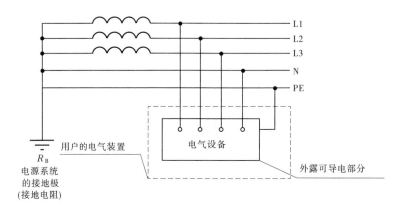

图 H.4　TN－S 供电系统图

TN－C－S 供电系统系指电气设备的工作零线和保护零线在整个供电系统中,一部分功能合一、一部分分开的供电系统,即由三相四线制供电系统变为局部的三相五线制供电系统,参见图 H.5。

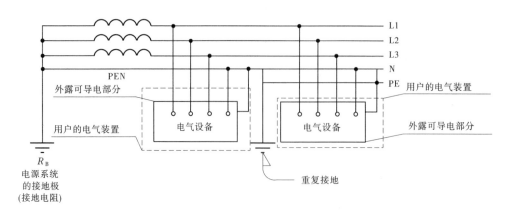

图 H.5　TN－C－S 供电系统图

H.2 电源电涌保护器的标称放电参数及安装位置

电源电涌保护器的标称放电参数参见表 H.1、表 H.2,安装位置参见图 H.6 至图 H.10。

表 H.1 电源线路电涌保护器标称放电电流参数值

雷电保护分级	LPZ0 区与 LPZ1 区交界处		LPZ1 与 LPZ2、LPZ2 与 LPZ3 区交界处			直流电源标称放电电流（kA）
	第一级标称放电电流＊（kA）		第二级标称放电电流（kA）	第三级标称放电电流（kA）	第四级标称放电电流（kA）	
	10/350 μs	8/20 μs	8/20 μs	8/20 μs	8/20 μs	8/20 μs
A 级	≥20	≥80	≥40	≥20	≥10	≥10
B 级	≥15	≥60	≥40	≥20	—	直流配电系统中根据线路长度和工作电压选用标称放电电流≥10 kA 适配的 SPD
C 级	≥12.5	≥50	≥20	—	—	
D 级	≥12.5	≥50	≥10	—	—	

注:SPD 的外封装材料应为阻燃型材料。

表 H.2 电源电涌保护器的安装位置

电涌保护器接于	电涌保护器安装点的系统特征							
	TT 系统		TN－C 系统	TN－S 系统		引出中性线的 IT 系统		不引出中性线的 IT 系统
	接线形式 1	接线形式 2		接线形式 1	接线形式 2	接线形式 1	接线形式 2	
每一相线和中性线间	＋	＊	NA	＋	＊	＋	＊	NA
每一相线和 PE 线间	＊	NA	NA	＊	NA	＊	NA	＊
中性线和 PE 线间	＊	＊	NA	＊	＊	＊	＊	NA
每一相线和 PEN 线间	NA	NA	＊	NA	NA	NA	NA	NA
相线间	＋	＋	＋	＋	＋	＋	＋	＋

注:"＊"——强制规定装设电涌保护器;

　NA——不适用;

　"＋"——需要时可增加装设电涌保护器。

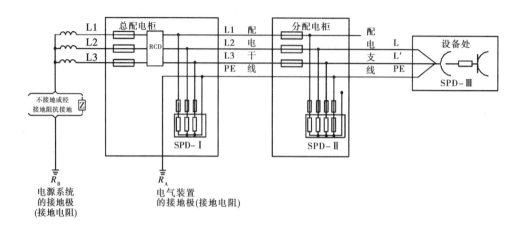

图 H.6　IT 系统过电压保护方式图

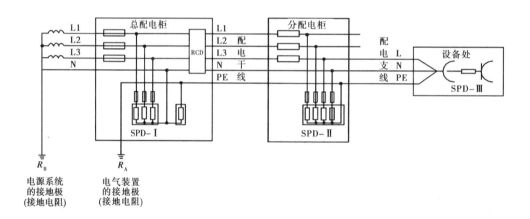

图 H.7　TT.系统过电压保护方式图(一)

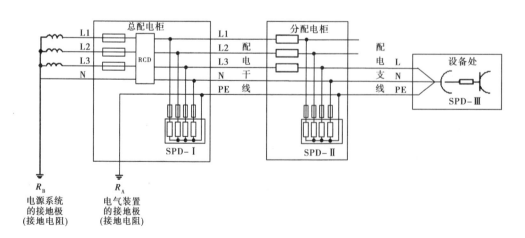

图 H.8　TT 系统过电压保护方式图(二)

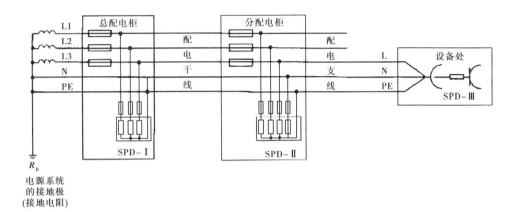

图 H.9　TN－S 系统过电压保护方式图

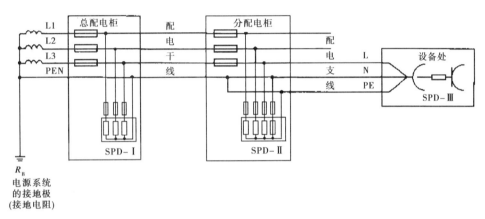

图 H.10　TN－C－S 系统过电压保护方式图

H.3　信息系统电涌保护器安装位置示意图

信息系统电涌保护器的安装位置参见图 H.11 至图 H.19。

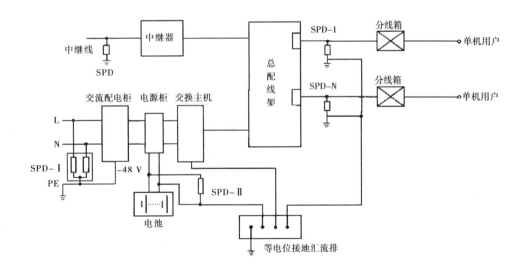

图 H.11　程控电话系统过电压保护方式

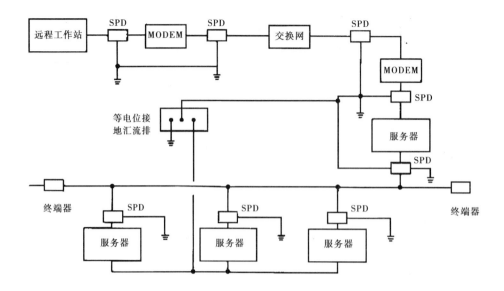

图 H.12　计算机系统过电压保护方式

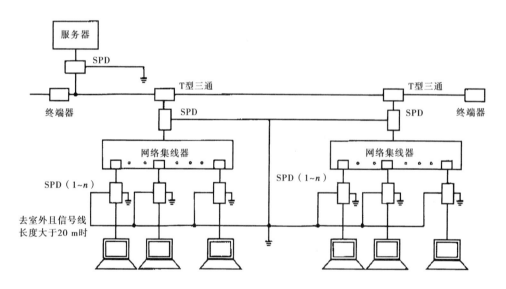

图 H.13　计算机局域网系统过电压保护方式

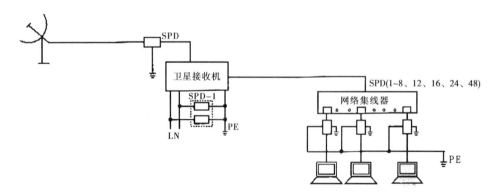

图 H.14　数据通信系统过电压保护方式

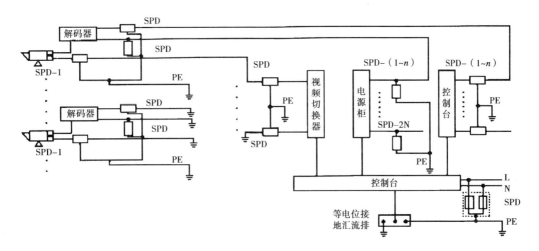

图 H.15　安保闭路监视系统过电压保护方式

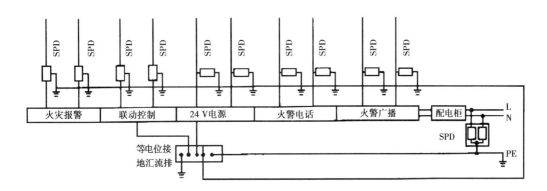

图 H.16　火灾报警及联动系统过电压保护方式

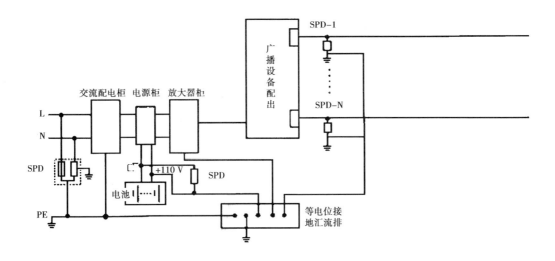

图 H.17　广播系统过电压保护方式

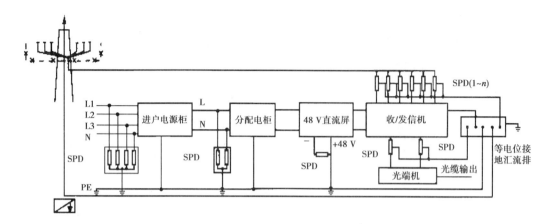

图 H.18　移动通信基站过电压保护方式

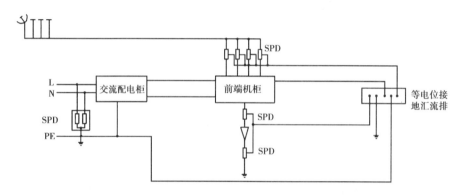

图 H.19　电视共用天线系统过电压保护方式

附　录　I

（资料性附录）

计算机信息系统（场地）防雷系统和检测流程

计算机信息系统（场地）防雷系统和检测流程图参见图 I.1 和图 I.2。

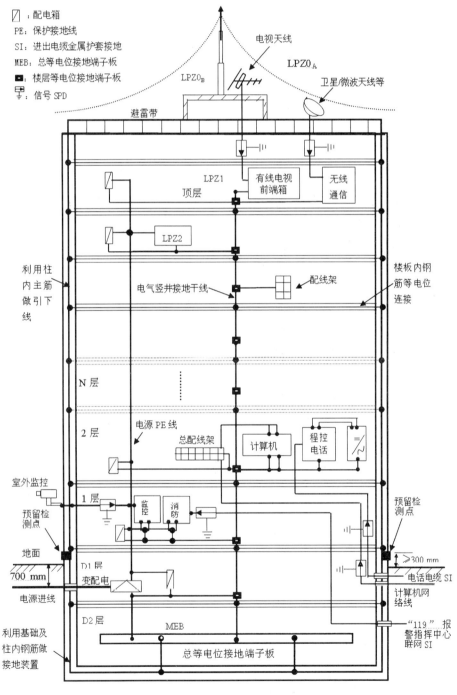

图 I.1　计算机信息系统（场地）防雷系统示意图

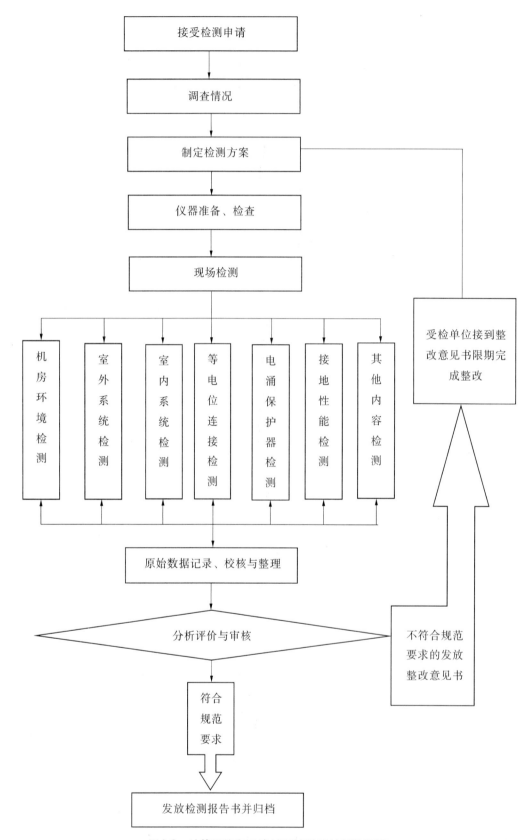

图 I.2 计算机信息系统(场地)防雷检测流程图

附　录　J

（资料性附录）

部分检测仪器的主要性能和参数指标

J.1　测量工具和仪器

J.1.1　尺

尺的测量上限或全长参见表 J.1。

表 J.1　尺的测量上限或全长

名称	测量上限或全长（mm）									
钢直尺	150	300	500	1 000	1 500	2 000		—		
自卷式或制动式钢卷尺	1	2	3	3.5	5			—		
摇卷盒式或摇卷架式钢卷尺	5	10	15	20	50	100		—		
卡钳	100	125	200	250	300	350	400	450	500	600

游标卡尺　全长（mm）：0～150；分度值（mm）：0.02。

J.1.2　经纬仪

经纬仪　测量范围：　　仰角 $-5°$ ～180°

方位 0°～360°

读数最小格值：　0.1°

J.2　工频接地电阻测试仪

测量范围：0～1 Ω　　最小分度值：0.01 Ω

0～10 Ω　　　　　　　0.1 Ω

0～100 Ω　　　　　　1 Ω

J.3　土壤电阻率测试仪

综合多种测试仪，仪器主要参数指标见表 J.2。

表 J.2　土壤电阻率测试仪主要参数指标

测量范围（Ω·m）	分辨率（Ω·m）	精度
0～19.99	0.01	$\pm(2\% + 2\pi a \cdot 0.02\ \Omega)$；$\frac{\rho}{2\pi a} \leqslant 19.99\ \Omega$
20～199.9	0.1	
200～1999	1	
2×10^3～1.999×10^4	10	$\pm(2\% + 2\pi a \cdot 0.2\ \Omega)$；$19.99 \leqslant \frac{\rho}{2\pi a} \leqslant 199.9\ \Omega$
2×10^4～1.999×10^5	100	$\pm(2\% + 2\pi a \cdot 2\ \Omega)$；$\frac{\rho}{2\pi a} \geqslant 199.9\ \Omega$

注：a 代表接地极间距，单位为米。

J.4　毫欧表

毫欧表主要用于电气连接过渡电阻的测试，含等电位连接有效性的测试，其主要参数指标参见表 J.3。

表 J.3 毫欧表参数指标

测量范围(mΩ)	分辨率(mΩ)	测量电流(A)	精度
0 ~ 19.9	0.01	0.2	±(0.1% +3d)
20 ~ 200	0.1	0.2	±(0.1% +2d)

注:d 代表电位极间距,单位米,下同。

J.5 绝缘电阻

J.5.1 绝缘电阻测试应用及主要仪器

在本标准中,绝缘电阻测试主要用于采用 S 型连接网络时,除在接地基准点(ERP)外,是否达到规定的绝缘要求和 SPD 的绝缘电阻测试要求。

绝缘电阻测试仪器主要为兆欧表,按其测量原理可分为:

a)直接测量试品的微弱漏电流兆欧表;

b)测量漏电流在标准电阻上电压降的电流电压法兆欧表;

c)电桥法兆欧表;

d)测量一定时间内漏电流在标准电容器上积聚电荷的电容充电法兆欧表。

除兆欧表外,也可以使用 1.2/50 μs 波形的冲击电流发生器进行冲击,以测试 S 型网络除 ERP 外的绝缘。

J.5.2 兆欧表或绝缘电阻测试仪主要参数指标见表 J.4。

表 J.4 兆欧表或绝缘电阻测试仪主要参数指标

额定电压(V)	量限(MΩ)	延长量限(MΩ)	准确度等级
100	0 ~ 200	500	1.0
250	0 ~ 500	1 000	1.0
500	0 ~ 2 000	∞	1.0
1 000	0 ~ 5 000	∞	1.0
2 500	0 ~ 10 000	∞	1.5
5 000	$2 \times 10^3 ~ 5 \times 10^5$	—	1.5

J.6 环路电阻测试仪

N – PE 环路电阻测试仪不仅可应用于低压配电系统接地型式的判定,也可用于等电位连接网络有效性的测试,其主要参数指标见表 J.5。

表 J.5 环路电阻测试仪主要参数指标

显示范围(Ω)	分辨率(Ω)	精度
0.00 ~ 19.99	0.01	
20.0 ~ 199.9	0.1	±(2% +3d)
200 ~ 1 999	1	

J.7 指针或数字万用表

万用表应有交流(a.c)和直流(d.c)的电压、电流、电阻等基本测量功能,也可有频率测量的性能,其主要参数指标见表 J.6。

表 J.6 万用表主要参数指标

性能	量程	分辨率	精度
直流(d.c)电压	0.2 V 2 V 20 V 200 V 400 V	0.1 mV 1 mV 10 mV 100 mV 1 000 mV	$\pm(0.8\%+2d)$
交流(a.c)电压	200 V 400 V 750 V	0.1 V 1 V 10 V	$\pm(1.5\%+10d)$
电流(a.c 或 d.c)	10 A	1 mA	$\pm(0.5\%+30d)$
电阻	30 mΩ	1 mΩ	$\pm(0.1\%+5d)$

J.8 电涌保护器(SPD)测试仪器

J.8.1 压敏电压测试仪

压敏电压测试仪主要参数指标见表 J.7。

表 J.7 压敏电压测试仪主要参数指标

量程	允许误差	恒流误差	$0.75U_{1\,mA}$ 下漏电流量程	漏电流测试允许误差	漏电流分辨率
0～1 700 V	$\leq\pm(2\%+1d)$	1 mA 5 μA	0.1～199.9 μA	≤2 μA $\pm1d$	0.1 μA

J.8.2 限制电压测试仪

利用混合波雷击电涌测试仪可测试限压型 SPD 的残压、混合型 SPD 的限制电压,仪器主要参数见表 J.8。

表 J.8 混合波雷击电涌测试仪主要参数指标

项目	波头时间	半峰值时间	其他
开路电压波形	1.2 μs ±30%	50 μs ±20%	开路电压(2～6 kV) ±10%
短路电流波形	8 μs ±20%	20 μs +20%	短路电流(1～3 kV) ±10%
虚拟阻抗	2 Ω ±0.25 Ω		
电源	220 V a.c ±10% 50 Hz ±5 Hz		

J.9 电磁屏蔽用测试仪

电磁屏蔽用测试仪主要参数指标见表 J.9。

表 J.9 电磁屏蔽测试仪主要参数指标

频率范围	输入电平范围	参考电平准确度
0.15 MHz～1 GHz	−100 dBm～20 dBm	±1 dBm(80 MHz)

附　录　K

（资料性附录）

计算机信息系统（场地）防雷装置安全性能检测表

表 K.1 至表 K.6 给出了新建计算机信息系统（场地）防雷装置安全性能检测记录填写格式；表 K.7 和表 K.8 给出了已建计算机信息系统（场地）防雷装置安全性能检测记录填写格式。

表 K.1　检测总表

检测日期：　　　　　　　　　档案编号：　　　　　　　　　　　　　　页数　共　　页

单位名称		地址	
联系部门		联系人	
联系电话		邮编	
外部防雷装置检测评定：			
屏蔽效率检测评定：			
等电位连接检测评定：			
SPD 检测评定：			
综合布线检测评定：			
现场环境（天气状况等）、使用仪器：			
结论：			

年　　月　　日　（公章）

检测员：		校核人		负责人	

表 K.2 外部防雷装置检测表

页数　共　页

序号	检测内容	标准、规范要点	检测结果	检测点数	是否符合规范要求
01	接闪器规格	带 ≥Φ8			
02	天馈装置保护情况	在 LPZ0B 防护区内、就近接地两处、≥16 mm²			
03	引下线敷设方式	明敷/暗敷			
04	引下线材料规格	明≥Φ8/暗≥Φ10			
05	引下线数量	≥2 根			
06	引下线焊接质量	牢固			
07	引下线间距	≤25 m			
08	接地电阻	≤10 Ω（冲击）			
09	防腐措施	GB 50057—2010			

备注：

单项评定：

检测员＿＿＿＿＿＿

表 K.3 等电位连接及屏蔽检测表

页数　　共　页

序号	检测内容	标准、规范要点	检测结果	检测点数	是否符合规范要求
01	总等电位接地端子板设置位置	GB 50343—2012			
02	总等电位接地端子板材料和连接方式				
03	楼层等电位接地端子板设置位置				
04	楼层等电位接地端子板材料和连接方式				
05	局部等电位接地端子板设置位置				
06	局部等电位接地端子板材料和连接方式				
07	设备机房等电位连接网络型式和材料、规格	S/M,铜≥6 mm^2			
08	总等电位接地端子板至楼层等电位接地端子板连接导体材料、规格	铜≥16 mm^2			
09	楼层等电位接地端子板至局部等电位接地端子板连接导体材料、规格				
10	低压配电保护接地	≤4 Ω(工频) ≤1 Ω(工频,在有消防指挥通信系统、闭路电视系统、综合布线系统采用共用接地时)			
11	线缆金属屏蔽层接地				
12	光缆金属加强筋接地				
13	设备金属外壳、机架接地				
14	走线桥、架接地				
15	外墙钢筋网格接地				
16	格栅接地				
17	其他等电位接地				
18	机房磁场强度	GB/T 21431—2008			
19	机房屏蔽效率(db)				
20	设备距外墙最小间距(m)	≥1 m			
21	设备距结构柱最小间距(m)				
22	设备距外窗最小间距(m)				

备注:

单项评定:

检测员＿＿＿＿＿＿＿＿

表 K.4 电源电涌保护器检测表

页数　　共　　页

序号	检测内容	检测数据	SPD 防护级数				
			一级	二级	三级	四级	五级
01	安装位置						
02	SPD 型号						
03	SPD 数量						
04	线缆敷设方式（埋地/穿墙、架空）						
05	标称放电电流（kA）						
06	I_{ie}漏流测试值（μA）						
07	U_{1Ma}直流参考电压测试值						
08	接地电阻（Ω）						
09	过渡电阻（Ω）						
10	状态指示灯检查						
11	脱离器检查						
12	相线连接线长度（m）、截面积（mm²）						
13	N 线连接线长度（m）、截面积（mm²）						
14	SPD 接地线长度（m）、截面积（mm²）、连线色标						
	是否符合规范要求						
	检测点数						

备注：

单项评定：

检测员＿＿＿＿＿＿

表 K.5 信号线路电涌保护器检测表

页数 ___ 共 ___ 页

序号	检测内容	检测点数	型号	数量	接口型式	I_{ie} 测试值	U_{1Ma} 测试值	标称频率范围	插入损耗	线路对数	接地线截面（mm²），色标	接地/引线长度（m）	接地/过渡电阻
01	主机/服务器												
02	网络交换机												
03	路由器												
04	集线器												
05	调制解调器												
06	X.25/ADSL 专线												
07	DDN/ISDN 设备												
08	天馈线路												
09	程控交换机												
10	主、分控机												
11	户外摄像机												
12	安防控制线路												
13	安防视频线路												
14	消防控制系统												
15	有线/闭路电视系统												

备注：

单项评定：

检测员 ___

表 K.6 防雷检测平面图

机房名称		楼层	

检测专用章   检测人：   审核人：   技术负责人：

表 K.6 防雷检测平面图

表 K.7 计算机信息系统(场地)防雷装置安全性能检测表

共　　页　第　　页

项目名称				
项目地址				
联系人		联系电话		天气	
依据规范、标准				

1. 项目概况

序号	检测、检查项目	基本状况
1.1	建筑物总层数/防雷类别	
1.2	建筑物主体结构/机房楼层/面积	
1.3	机房名称/雷电防护等级	
1.4	机房温度/湿度	
1.5	机房设备离外墙、柱、窗距离(m)	

2. 防直击、侧击雷性能

序号	检测、检查项目	规范、标准/要点	检测、检查结果	单项评价
2.1	建筑物接闪器形式、性能	GB 50057—2010		
2.2	室外天线防直击雷保护性能	天线在LPZ0B防护区内、		
2.3	室外天线基座等连接情况及规格	就近接地两处、≥16 mm²		
2.4	均压环和引下线的位置、数量	GB 50057—2010		
2.5	防雷接地方式、电阻值	≤4 Ω		
2.6	机房金属幕墙、外窗接地性能	GB 50057—2010		

3. 机房等电位连接、线路敷设及屏蔽性能

序号	检测、检查项目	规范、标准/要点	检测、检查结果	单项评价
3.1	等电位连接结构、材料	星、网、混合\铜排、扁铁		
3.2	总等电位连接带规格及连接情况	≥50 mm²(钢)、≥16 mm²(铜)		
3.3	局部等电位连接线规格及连接情况	≥16 mm²(钢)、≥6 mm²(铜)		
3.4	设备等电位连接线规格及连接情况	≥4 mm²(铜)、黄绿双色线		
3.5	环形导体、支架格栅等接地/过渡电阻	≤4 Ω/≤0.03 Ω		
3.6	金属管道、线槽、桥架等	至少应两端接地,宜多点		
3.7	供配电柜、箱、盘	重复接地且互相连接		
3.8	供配电电源线路敷设及屏蔽情况	埋地、护套、屏蔽、接地情况;		
3.9	通信、信号线路(天馈、控制等)敷设及屏蔽情况	强、弱电线路分开敷设;净距离≤0.1 m时应跨接		
3.10	机房屏蔽情况	格栅、门、窗、地板等屏蔽情况		
3.11	非金属外壳设备屏蔽	金属屏蔽网/室、等电位连接		
3.12	光缆金属构件(接头、加强芯等)	≤4 Ω		
3.13	机房电磁兼容性能测试	视机房具体要求		

备注:

续表 K.7

4. 供配电源质量及机房防静电性能

序号	检测、检查项目	规范、标准/要点	实测结果	单项评价
4.1	引入形式	不宜采用架空线路		
4.2	接地保护方式	TN 系统供电时必须采用 TN－S		
4.3	零—地串扰电压	≤2 V		
4.4	表面静电电位	≤1 kV		
4.5	静电地板系统电阻(Ω)	$10^7 \sim 10^{10}$		
4.6	静电网格接地电阻值	≤4 Ω		
4.7	静电地板导电胶导电性能	能有效导电		

5. 电涌保护器

序号	名称	检查电涌保护器(SPD)内容						单项评价
		型号及数量	参数评定	安装质量			运行情况	
				位置	连接情况	接地电阻	牢固程度	
5.1	总供配电室							
5.2	楼层配电柜							
5.3	机房电源间							
5.4	主机/服务器							
5.5	光端机电源端							
5.6	网络交换机							
5.7	路由器							
5.8	集线器							
5.9	调制解调器							
5.10	X.25/ADSL 专线							
5.11	DDN/ISDN 设备							
5.12	天馈线路(信号)							
5.13	程控交换机信号线路							
5.14	安防供电线路							
5.15	主、分控机信号线路							
5.16	户外摄像机(信号)							
5.17	安防控制信号线路							
5.18	安防视频线路							
5.19	消防控制信号系统							
5.20	119 联网端口							
5.21	有线电视信号系统							
5.22	通信基站电源进线							

主要检测仪器：

技术评定		检测专用(章) 年　月　日
检测员	校核人	技术负责人

検測専用章　　　　　　検測人：　　　　　　　審核人：　　　　　　　技術負責人：

表 K.8　防雷検測平面図

页数　　共　　页

机房名称		楼层	

附　录　L

（资料性附录）

用于电子系统雷击风险评估的 N 和 N_c 计算方法

L.1　建筑物及入户设施年预计雷击次数（N）的计算

项目年预计雷击次数（N）是建筑物年预计雷击次数（N_1）和入户设施年预计雷击次数（N_2）的和。

L.1.1　建筑物年预计雷击次数按照式（L.1）计算。

$$N_1 = KN_gA_e \quad （次／a） \tag{L.1}$$

式中　N_1——建筑物年预计雷击次数，次/a；

K——校正系数；

N_g——建筑物所处地区雷击大地的平均密度，按照式（L.2）计算，次/（$km^2 \cdot a$）；

A_e——建筑物截收相同雷击次数的等效面积，km^2。

$$N_g = 0.1T_d \tag{L.2}$$

式中　T_d——年平均雷暴日，根据当地气象台、站资料确定，d。

河南省1971年至2000年年平均雷暴日数参见表L.3。

L.1.2　入户设施年预计雷击次数按照式（L.3）计算。

$$N_2 = N_gA'_e = (0.1T_d)(A'_{e1} + A'_{e2}) \tag{L.3}$$

式中　N_2——入户设施年预计雷击次数，次/a；

N_g——建筑物所处地区雷击大地的平均密度，次/（$km^2 \cdot a$）；

T_d——年平均雷暴日，根据当地气象台、站资料确定，d；

A'_{e1}——电源线缆入户设施的截收面积，km^2；

A'_{e2}——信号线缆入户设施的截收面积，km^2，入户设施的截收面积参见表L.1。

表 L.1　入户设施的截收面积

线路类型	有效截收面积 A'_e（km^2）
低压架空电源电缆	$2\,000L \times 10^{-6}$
高压架空电源电缆（至现场变电所）	$500L \times 10^{-6}$
低压埋地电源电缆	$2dsL \times 10^{-6}$
高压埋地电源电缆（至现场变电所）	$0.1dsL \times 10^{-6}$
架空信号线	$2\,000L \times 10^{-6}$
埋地信号线	$2dsL \times 10^{-6}$
无金属铠装或带金属芯线的光纤电缆	0

注：1. L 是线路从所考虑建筑物至网络的第一个分支点或相邻建筑物的长度，单位为 m，最大值为 1 000 m，当 L 未知时，应采用 $L = 1\,000$ m。

2. ds 表示埋地引入线缆计算截面积时的等效宽度，ds 的单位为米（m），其数值等于土壤电阻率的值，最大值 500。

L.2 可接受的最大年平均雷击次数 N_c 的计算方法

可接受的最大年平均雷击次数应按式(L.4)计算。

$$N_c = 5.8 \times 10^{-1.5} / C \qquad\qquad (L.4)$$

式中 C——各类因子，$C = C_1 + C_2 + C_3 + C_4 + C_5 + C_6$。

$C_1 \sim C_6$ 取值参见表 L.2。

表 L.2 $C_1 \sim C_6$ 取值

分项	内容	取值
C_1：电子系统所在建筑物材料结构因子	屋顶和主体结构为金属材料 屋顶和主体结构为钢筋混凝土 建筑物为砖混结构 建筑物为砖木结构 建筑物为木结构	0.5 1.0 1.5 2.0 2.5
C_2：电子系统重要程度因子	等电位连接、接地、屏蔽措施较完善的设备 使用架空线缆的设备 集成化程度较高的低电压微电流的设备	2.5 1.0 3.0
C_3：电子系统设备耐冲击类型和抗冲击过电压能力因子	一般：(指设备为 GB/T 16935.1—1997 所指的 I 类安装位置设备，且采取了较完善的等电位连接、接地、线缆屏蔽措施)	0.5
	较弱：(指设备为 GB/T 16935.1—1997 所指的 I 类安装位置设备，但使用架空线缆)	1.0
	相当弱：(设备集成化程度很高，通过低电压、微电流进行逻辑运算的计算机或通信设备)	3.0
C_4：电子系统设备所处防雷区的因子	LPZ2 区或以上 LPZ1 区内 $LPZ0_B$ 区内	0.5 1.0 1.5～2.0
C_5：电子系统发生雷击事故的后果因子	电子系统业务中断不会产生不良后果 电子系统业务原则上不允许中断，中断无严重后果 电子系统业务不允许中断，中断后会产生严重后果	0.5 1.0 1.5～2.0
C_6：所在地区的雷暴等级因子	少雷区：年平均雷暴日≤20 d 多雷区：20 d＜年平均雷暴日≤40 d 高雷区：40 d＜年平均雷暴日≤60 d 强雷区：年平均雷暴日＞60 d	0.8 1.0 1.2 1.4

表 L.3　河南省各市、县年平均雷暴日（1971～2000 年）

序号	城市名称	雷暴日数（d/a）	序号	城市名称	雷暴日数（d/a）
1	郑州市	20.6	6	鹤壁市	24.1
	巩义	22.2		浚县	22.5
	荥阳	20.1		淇县	21.8
	新郑	18.9	7	新乡市	22.9
	登封	23.3		卫辉	22.5
	新密	20.1		长垣	19.9
	中牟	20.9		封丘	19.9
	嵩山	23.8		延津	23.5
2	开封市	21.4		辉县	26.1
	兰考	20.6		原阳	20.2
	杞县	21.8		获嘉	22.5
	通许	20.9	8	焦作市	23.2
	尉氏	21.1		孟州	23.4
3	洛阳市	20.5		沁阳	21.2
	栾川	28.0		温县	21.1
	嵩县	24.3		博爱	22.3
	伊川	21.3		武陟	21.3
	汝阳	20.6		修武	24.5
	新安	20.6	9	濮阳市	22.5
	偃师	22.7		濮阳县	22.5
	洛宁	23.3		清丰	22.6
	宜阳	17.9		范县	21.8
	孟津	23.5		台前	21.8
4	平顶山市	17.1		南乐	22.7
	宝丰	22.0	10	许昌市	20.6
	鲁山	23.2		禹州	21.3
	叶县	22.0		长葛	20.1
	郏县	19.2		鄢陵	22.1
	舞钢	23.2		襄城	19.0
	汝州	19.1	11	漯河市	21.1
5	安阳市	23.8		临颍	20.7
	安阳县	23.8		舞阳	24.2
	林州	30.9	12	三门峡市	18.1
	汤阴	26.6		卢氏	29.1
	滑县	24.1		灵宝	17.9
	内黄	23.2		渑池	19.8

续表 L.3

序号	城市名称	雷暴日数（d/a）	序号	城市名称	雷暴日数（d/a）
13	南阳市	23.6	16	周口市	20.0
	唐河	27.1		西华	23.2
	新野	24.4		鹿邑	22.2
	西峡	30.5		沈丘	22.2
	淅川	24.1		淮阳	23.0
	内乡	25.5		扶沟	20.4
	镇平	24.7		太康	23.0
	南召	29.4		项城	22.2
	方城	26.4		郸城	21.5
	桐柏	28.2		商水	23.3
	邓州	23.0	17	驻马店市	22.8
	社旗	23.5		上蔡	23.9
14	商丘市	21.4		西平	21.4
	永城	27.6		确山	21.6
	夏邑	21.7		平舆	21.8
	虞城	25.1		遂平	20.9
	柘城	22.0		汝南	22.9
	宁陵	23.5		新蔡	24.7
	睢县	23.8		泌阳	30.4
	民权	21.5		正阳	23.6
15	信阳市	27.1	18	济源市	22.0
	鸡公山	29.0			
	罗山	28.6			
	息县	24.1			
	淮滨	24.7			
	潢川	26.6			
	固始	30.5			
	商城	31.3			
	光山	28.9			
	新县	30.9			